互联网 + 职业技能系列

职业入门 | 基础知识 | 系统进阶 | 专项提高

Axure RP

原型设计图解微课视频教程

Web+App

Axure RP Prototype Design（Web+App）

U0381772

极客学院 刘刚 著

人民邮电出版社

北京

图书在版编目（ＣＩＰ）数据

Axure RP原型设计图解微课视频教程：Web+App /
刘刚著. -- 北京：人民邮电出版社，2017.1（2021.8重印）
　　（互联网+职业技能系列）
　　ISBN 978-7-115-43515-6

　　Ⅰ．①A… Ⅱ．①刘… Ⅲ．①网页制作工具—教材
Ⅳ．①TP393.092

　　中国版本图书馆CIP数据核字(2016)第243357号

内 容 提 要

　　本书较为全面地介绍了利用 Axure 进行原型设计的方法和技巧。全书分为 3 篇，共 11 章，第一篇原型设计及 Axure 基础，介绍了 Axure 原型设计概述、用 Axure 站点地图管理页面、用 Axure 部件库搭积木、用 Axure 动态面板制作动态效果、用 Axure 变量制作丰富交互效果、用 Axure 母版减少重复工作；第二篇 Axure 高级交互效果，介绍了用 Axure 链接行为制作交互效果、用 Axure 部件行为制作交互效果、用中继器模拟数据库操作；第三篇综合实战应用，介绍了猫眼电影 App 低保真原型设计、蜜淘全球购网站高保真原型设计。通过学习 Axure 基础和项目综合案例，读者可以全面、深入、透彻地理解 Axure 原型设计工具的使用方法，提高产品设计能力和项目实战能力。

　　本书可以作为各级院校及培训班 Axure 课程的教材，也可供交互设计师、入门级产品经理等广大 Axure 设计人员学习参考。

　　◆ 著　　　　极客学院　刘　刚

　　　　责任编辑　桑　珊

　　　　责任印制　焦志炜

　　◆ 人民邮电出版社出版发行　　北京市丰台区成寿寺路 11 号
　　　邮编　100164　　电子邮件　315@ptpress.com.cn
　　　网址　http://www.ptpress.com.cn
　　　北京虎彩文化传播有限公司印刷

　　◆ 开本：787×1092　1/16
　　　印张：14.75　　　　　　　　　2017 年 1 月第 1 版
　　　字数：386 千字　　　　　　　2021 年 8 月北京第 6 次印刷

定价：69.80 元

读者服务热线：(010)81055256　印装质量热线：(010)81055316
反盗版热线：(010)81055315
广告经营许可证：京东市监广登字 20170147 号

如何使用本书

本套丛书由极客学院精心打造，通过大数据分析，把握企业对职业技能的核心需求，结合极客学院线上课程学习，开启O2O学习新模式。

第1步：创建线上学习账号

使用微信扫描如下二维码，自动创建（登录）极客学院账号，并自动加入与本书配套的线上社群。

第2步：立体化学习

创建账号后，即可开始学习，除了学习图文内容外，还可以扫描书中二维码或登录微课云课堂观看配套视频课程，下载对应资料，查看常见问题并提问，参与社群讨论。

资料 　　　视频 　　　问题

第3步：学习结果测评

完成学习后，可以扫描以上二维码，参加本书测评，成绩合格者可以申请课程结业证书，成绩优秀者将会获得额外大奖。

前　言

为什么要学Axure

　　Axure 是一个专业的快速原型设计工具，它可以让设计师们根据需求，设计功能和界面，快速创建应用软件的线框图、流程图、原型和规格说明文档，并且支持多人协作和版本控制管理，是交互设计师、产品经理必会的一款原型设计工具，Axure经过多年的发展，已经非常成熟，广受欢迎，市场占有率不断提高，已成为网页设计、App设计等领域的关键性技术之一。

使用本书，3步学会Axure

Step1　章首页图文理解应用方法和基本原理，了解本章案例最终效果。

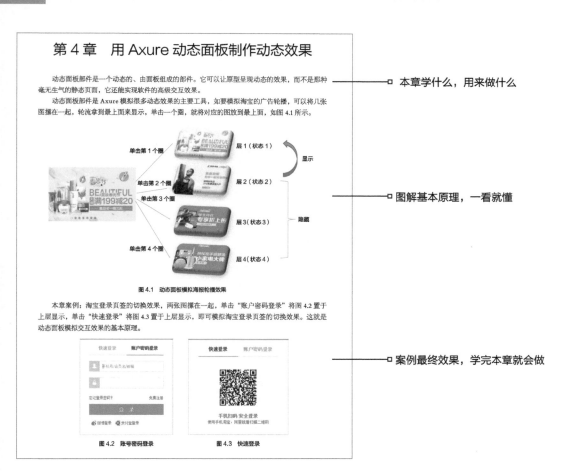

图 4.1　动态面板模拟海报轮播效果

图 4.2　账号密码登录　　　图 4.3　快速登录

本章学什么，用来做什么

图解基本原理，一看就懂

案例最终效果，学完本章就会做

知识点简明扼要 □

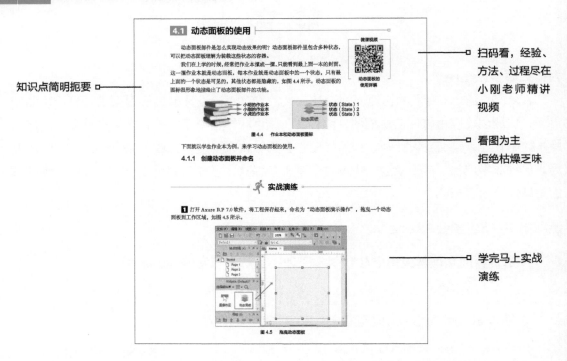

扫码看，经验、方法、过程尽在小刚老师精讲视频

看图为主
拒绝枯燥乏味

学完马上实战演练

真实商业项目
零距离接触 □

完整运用所学知识

不止讲操作
还讲调研和设计

□ **小刚老师简介**

本名刘刚，高级项目管理师、中级项目监理师、项目经理，曾就职于中国擎天软件公司、北京神州软件技术有限公司，软件项目研发、设计和管理经验丰富；负责纪检监察廉政监督监管平台、国家邮政局项目、政务大数据项目、中施企协项目等的设计开发和项目管理工作；同时在教育教学方面有丰富的授课经验，作为极客学院、北风网的兼职培训讲师，教授Axure、用户体验、软件重构、项目经理等方面的课程；出版畅销书《原型设计大师：Axure RP网站与App设计从入门到精通》。

平台支撑，免费赠送资源

- ☑ 全部案例源代码、素材、最终文件
- ☑ 全书电子教案
- ☑ 高清视频教程
- ☑ 极客学院Axure扩展视频教程
- ☑ "微课云课堂"近50000个微课视频一年免费学习权限

"微课云课堂"目前包含近50000个微课视频，在资源展现上分为"微课云""云课堂"这两种形式。"微课云"是该平台中所有微课的集中展示区，用户可随需选择；"云课堂"是在现有微课云的基础上，为用户组建的推荐课程群，用户可以在"云课堂"中按推荐的课程进行系统化学习，或者将"微课云"中的内容进行自由组合，定制符合自己需求的课程。

"微课云课堂"主要特点

　　微课资源海量，持续不断更新："微课云课堂"充分利用了出版社在信息技术领域的优势，以人民邮电出版社60多年的发展积累为基础，将资源经过分类、整理、加工以及微课化之后提供给用户。

　　资源精心分类，方便自主学习："微课云课堂"相当于一个庞大的微课视频资源库，按照门类进行一级和二级分类，以及难度等级分类，不同专业、不同层次的用户均可以在平台中搜索自己需要或者感兴趣的内容资源。

　　多终端自适应，碎片化移动化：绝大部分微课时长不超过十分钟，可以满足读者碎片化学习的需要；平台支持多终端自适应显示，除了在PC端使用外，用户还可以在移动端随心所欲地进行学习。

"微课云课堂"使用方法

　　扫描封面上的二维码或者直接登录"微课云课堂"（www.ryweike.com）→用手机号码注册→在用户中心输入本书激活码（a574d276），将本书包含的微课资源添加到个人账户，获取永久在线观看本课程微课视频的权限，可下载书中所有赠送资源。（下载链接：http://pan.baidu.com/s/1o8GZAv4 密码：j8jc ）

　　此外，购买本书的读者还将获得一年期价值168元VIP会员资格，可免费学习50000微课视频。

著者

2016年8月

目 录
CONTENTS

第一篇
原型设计及Axure基础

第二篇

Axure高级交互效果

第三篇
综合实战应用

第一篇
原型设计及Axure基础

第1章　Axure原型设计概述

信息化高速发展的今天，从过去有软件可以使用，到现在定制自己使用的软件，用户有了更多实现自己的想法和需求的方式，但是用户往往并不能清晰和完整地表达自己需求，而产品的设计原型恰恰能快速地挖掘出用户的真实需求。通过制作软件产品的设计原型，向用户演示并讲解产品的功能和设计，在演示过程中捕捉用户的实际需求；项目组人员根据设计原型进行沟通，明确软件产品的目标，可以大大提高项目组成员的工作效率，并降低沟通成本，如图1.1所示。

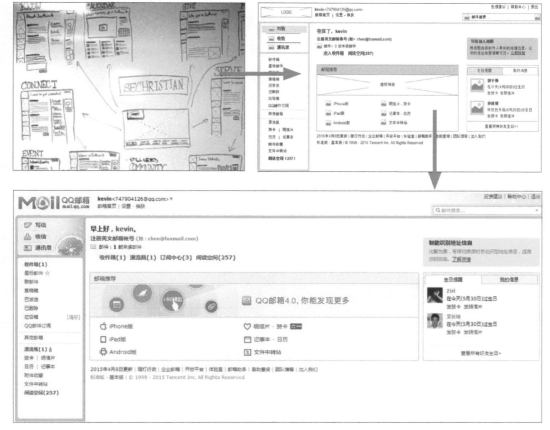

图1.1　通过原型设计预先展示产品效果

1.1 什么是软件原型

软件原型可以理解成软件的Demo，它并不是一个可以作为最终使用的软件，而是利用某种物品（如纸、笔）或者某种工具（如Axure）快速地勾勒出的软件的大致结构。再添加一些交互效果，还可以模拟软件的功能操作。原型大致可以分为3类：草图原型、低保真原型和高保真原型。

1.1.1 草图原型

草图原型也可以称为纸面原型，它能描述产品的大概需求，记录瞬间灵感，如图1.2所示。

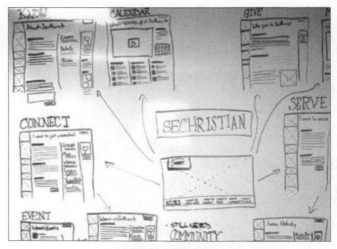

图1.2 草图原型

很多产品经理或者设计师在使用专业原型工具来进行设计之前，都经历过草图原型的设计，设计师们喜欢在白纸上或者白板上勾勒软件的大致样子，也就是软件的骨架。这种方式可以快速地记录他们的灵感，也方便修改软件的原型。现在市面上也有纸面原型的模具销售，这样更方便设计师进行纸面原型的设计。草图原型的优缺点如下。

◎ **优点：**简单、快捷，适合于项目小、工期短、用户需求少的产品。

◎ **缺点：**产品经理或者设计师们画的草图，除了自己，别人很难充分理解，也不适于向客户进行展示。

1.1.2 低保真原型

低保真原型是根据需求或草图原型，利用相关设计工具制作的简单的软件原型，如图1.3所示。

低保真原型可以展现出软件的大致结构和基本交互效果，但是在界面美观程度和交互效果上还不能和真实软件相比。低保真原型的优缺点如下。

◎ **优点：**快速构建产品大致结构，实现基本交互效果，是团队成员间有效的沟通方式。

◎ **缺点：**美观上和交互效果上还很欠缺。

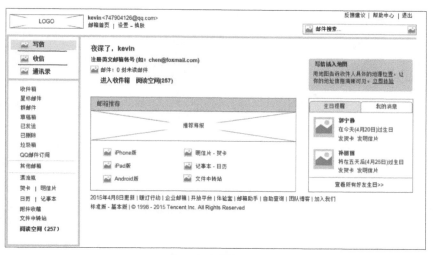

图1.3 低保真原型

1.1.3 高保真原型

高保真原型是用来演示产品效果的Demo，在视觉上与真实产品一样，体验上也几乎接近真实产品，如图1.4所示。

图1.4 高保真原型

为了达到与真实软件一样的效果，高保真原型在设计上需要投入更多精力和时间，这种原型多是用来给客户进行演示，在视觉和体验上征服客户，最终赢得用户信赖的。高保真原型的优缺点如下。

◎ **优点：** 可以模拟出真实软件的界面及交互效果。

◎ **缺点：** 需要投入大量的精力和时间。

注意：根据项目的大小、类型、工期及用户的需求来选择制作哪类原型。如果只是想勾勒系统的大致结构，可以采用草图原型；如果想描述清楚系统的功能结构和基本交互效果，方便项目组人员沟通交流，可以采用低保真原型；如果想给客户演示系统交互效果或者展示设计效果，可以采用高保真原型。

1.2 Axure RP 7.0软件安装

Axure RP是一款专业的快速原型设计软件，是美国Axure Software Solution公司的旗舰产品，RP是Rapid Prototyping（快速原型）的缩写，其7.0版本的软件图标如图1.5所示。

Axure RP可以帮助设计师根据需求设计功能和界面，来快速地创建应用软件的线框图、流程图、原型和规格说明文档，并且同时支持多人协作和版本控制管理。

我们可以从官网上下载Axure RP 7.0的软件安装包，进行软件的安装。安装步骤如下。

1 双击AxureRP-Pro-Setup.exe文件，打开安装初始化界面，由于平台语言的兼容性问题会出现乱码，但并不影响软件的安装及使用，如图1.6所示。

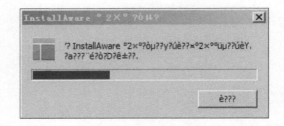

图1.5　Axure RP 7.0软件图标　　　　　图1.6　Axure RP 7.0开始安装

2 在"License Agreement"界面中勾选"I Agree"复选框，同意Axure安装协议，单击"Next"按钮继续安装，如图1.7所示。

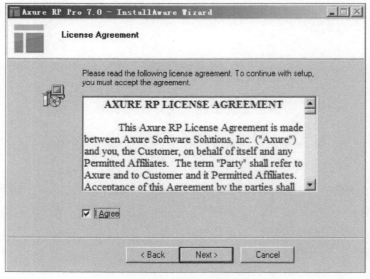

图1.7　同意安装协议

3 在"Select Destination"界面中选择安装存放路径，可以使用默认的安装路径，也可以自定义安装路径，之后单击"Next"按钮进行下一步，如图1.8所示。

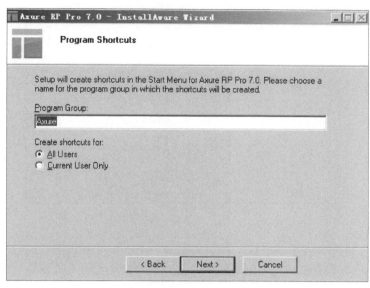

图1.8　选择安装路径

4 在"Program Shortcuts"界面中有两个单选按钮，"All Users"代表所有用户都可以使用，"Current User Only"代表只有自己可以使用，选择第一个单选按钮，单击"Next"按钮继续安装，如图1.9所示。

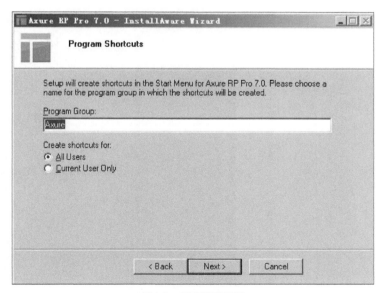

图1.9　用户使用权限

5 一直单击"Next"按钮，最后单击"Finish"按钮完成安装，如图1.10所示。

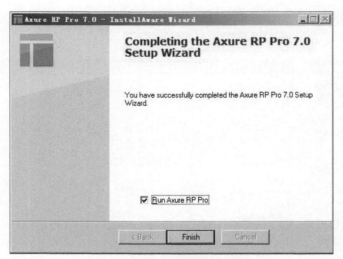

图1.10　完成安装

1.3　认识Axure软件界面

运行Axure软件，软件界面大致可以分为10个区域，分别为菜单栏区域、工具栏区域、站点地图区域、部件区域、母版区域、工作区域、页面管理区域、部件交互区域、部件样式区域和部件管理区域，如图1.11所示。

微课视频

Axure界面介绍

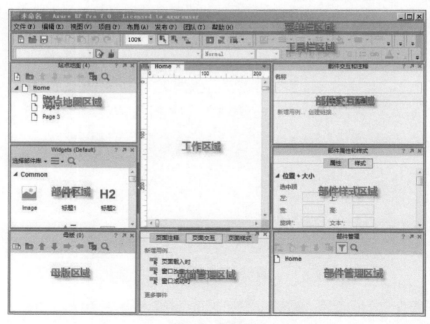

图1.11　软件界面

1.3.1 菜单栏区域

菜单栏区域有文件、编辑、视图、项目、布局、发布、团队、帮助8个菜单项，包括了软件的一些常规操作和功能，如图1.12所示。

文件菜单下面可以新建工程、打开工程和保存工程，但是这些操作可以使用快捷键或者工具栏快速操作按钮完成。设置备份时经常用到这些操作，定时备份软件原型，可以避免文件丢失。

编辑菜单下面的命令可以使用快捷键来操作，所以很少会使用这个菜单。

微课视频

菜单栏应用详解

图1.12　菜单栏区域

视图菜单下面的工具栏、面板菜单选项是经常会用到的，可以控制工具栏和面板的显示与隐藏。

项目菜单下的全局变量是我们经常会用到的；发布菜单下面的预览和生成原型文件使用频率是最高的；我们在注册的时候，使用帮助菜单项完成注册功能。

1.3.2 工具栏区域

工具栏区域包括了使用频率最高的快捷工具，如图1.13所示，我们在设计原型的过程中经常会用到这些操作，理解工具栏的功能并掌握它的使用方法，可以提高制作原型的效率。下面通过对两个矩形部件的操作，熟悉一下工具栏的使用。

微课视频

Axure 工具栏详解和常用快捷键

图1.13　工具栏区域

1. 新建、打开、保存快捷工具

新建、打开、保存快捷工具按钮如图1.14所示。

图1.14　新建、打开、保存快捷工具

：新建一个工程项目，快捷键是Ctrl+N。

：打开一个已有的工程项目（只能打开rp类型的工程），快捷键是Ctrl+O。

：保存一个工程项目，快捷键是Ctrl+S。

：剪切功能，单击这个快捷按钮可以剪切选中的部件，快捷键是Ctrl+X。

：复制功能，单击这个快捷按钮，可以复制选中的部件，它的快捷键是Ctrl+C。

：粘贴功能，可以粘贴复制的部件。单击这个快捷按钮，可以将复制的部件粘贴到工作区域，它的快捷键是Ctrl+V。

🔄：撤销功能，单击这个快捷按钮可以撤销上一步的操作，快捷键是Ctrl+Z。

🔄：重做功能，单击这个快捷按钮可以重做上一步的操作，快捷键是Ctrl+Y。

注意：在制作原型的过程中，记得修改之后要立刻保存，以免由于断电、计算机死机、软件退出等原因，造成以前做的原型丢失，导致我们需要重新设计与返工。

实战演练

1 在部件区域，拖曳两个矩形部件到工作区域，并在矩形部件上分别双击，进行重新命名，一个矩形命名为"矩形一"，另一个矩形命名为"矩形二"。单击保存快捷按钮或者使用Ctrl+S快捷键保存上面的操作，如图1.15所示。

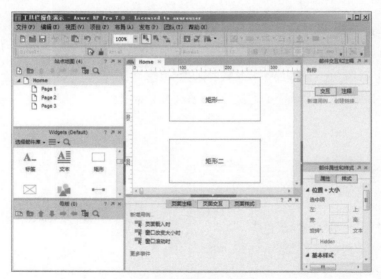

图1.15 拖曳矩形部件

2 选中"矩形一"部件，利用Ctrl+C快捷键复制出一个相同的部件，再利用Ctrl+V快捷键粘贴，也可以利用工具栏上快捷按钮操作，如图1.16所示。

同样可以试试快捷键Ctrl+Z（撤销）、Ctrl+Y（重做）、Ctrl+X（剪切）等，练习对矩形部件进行操作。

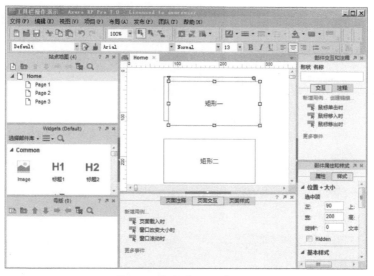

图1.16　复制"矩形一"部件

2. 调整显示比例、选择模式、发布工具

调整显示比例、选择模式、发布工具的快捷工具按钮如图1.17所示。

图1.17　调整显示比例、选择模式、发布工具

100% ：工作区域的缩放比例，可以根据页面内容调整页面的显示比例。

：选择相交模式，选中此模式，在选择部件时，选择区域只要和部件有接触，部件就会被选中。

：选择包含模式，选中此模式，在选择部件时，选择区域完全覆盖住部件，部件才会被选中。

：连接模式，在绘制流程图时，创建连接两个部件的连接线。

：预览，预览原型在浏览器中的显示效果，不生成本地原型文件。

：发布到AxShare，将原型文件托管到AxShare里，可以通过浏览器直接访问。

：发布，用来发布原型，可以通过预览的方式发布，也可以通过生成本地文件的形式发布。

3. 部件编辑工具

在工具栏区域，有一些按钮是用来对部件进行编辑的，如图1.18所示。

图1.18　部件编辑工具区域

：线条颜色，用来设置部件边框的颜色，单击下三角，在弹出框中选择颜色，这里我们选择红色。

：线宽，单击下三角，在弹出框中可以选择边框的宽度，这里我们选择最粗的线宽。

：线条样式，单击下三角，在弹出框中可以选择实心线、虚线等样式，这里我们选择第二个虚线。

：填充颜色，同样单击下三角可以选择要填充的颜色，这里选择天蓝色。

：外部阴影，在弹出框中勾选阴影复选框后，可以设置阴影的偏移位置、模糊程度和颜色。

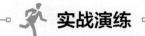 **实战演练**

1 单击矩形一部件，将其边框编辑为红色、粗线宽、打点式线条；将矩形二编辑成蓝色背景，红色外部阴影，如图1.19所示。

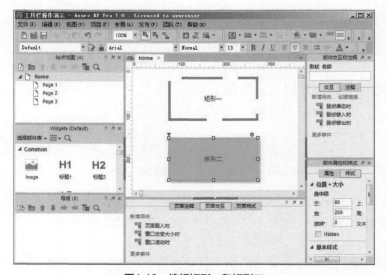

图1.19　编辑矩形一和矩形二

在工具栏中还可以设置文本的水平位置和垂直位置，以及字体系列、字体类型、字号、粗体、斜体、下划线、字体颜色等，这与很多软件对字体编辑的功能一样。

2 将矩形二的文本字体设置为华文琥珀，字体类型设置为Bold Oblique，字号设置为28，添加粗体、斜体、下划线设置，字体颜色设置为黄色，水平位置靠左对齐，垂直位置顶部对齐，如图1.20所示。

工具栏的快捷按钮还可以编辑部件的大小和位置，将部件置为顶层或底层，隐藏部件。x、y分别代表部件的横、纵坐标位置，以左上角为原点；w、h分别代表部件的宽度和高度。

3 将矩形二部件的x值设置为140，y值设置为50，w值设置为240，h值设置为150，如图1.21所示。

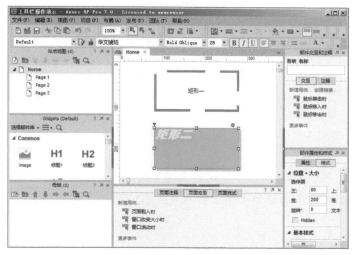

图1.20　矩形二字体设置

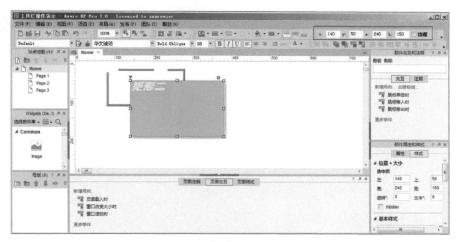

图1.21　编辑部件的位置和大小

☐隐藏：勾选复选框可以隐藏暂时不用的部件。

▣：部件置于顶层操作按钮，右侧还有置于顶层、上移一层、下移一层的操作按钮。

工具栏的快捷按钮可以将不同部件设置为一个组合，同时也可以将一个组合拆散为单独的部件，并可以设置部件和部件之间的对齐关系，如图1.22所示。

图1.22　部件组合和对齐关系工具按钮

▣：将不同部件设置为一个组合，组合后可以将组合部件一起移动或者进行其他操作。

▣：取消组合，将组合在一起的部件拆散为单独的部件。

▤：左对齐，单击这个按钮，部件之间可以靠左对齐。

▣：左右居中，单击这个按钮，部件之间可以左右居中对齐。

：右对齐，单击这个按钮，部件之间可以右对齐。

：顶部对齐，单击这个按钮，部件之间可以以顶部对齐方式对齐。

：上下居中，单击这个按钮，部件可以上下居中对齐。

：底部对齐，单击这个按钮，部件可以以底部对齐方式对齐。

：横向均匀分布，单击这个按钮，可以让选中的按钮呈现横向均匀分布。

：纵向均匀分布，单击这个按钮，可以让选中的按钮呈现纵向均匀分布。

使用这些快捷按钮，首先要选中多个要对齐的部件，然后再单击相应按钮，进行对齐。

注意：要熟记和理解各个按钮的功能及使用方法，同时也可以使用相应的快捷键进行操作。用快捷键操作比单击按钮更节省时间，提高制作原型的效率。

1.3.3　站点地图区域

站点地图区域用来显示软件页面，从这里可以了解到软件的大致结构，有哪些页面，以及页面之间的关系。站点地图区域采用树状结构来显示页面，以Home页为树的根节点，可以对页面进行增加、移动、删除等操作来管理软件原型的页面，如图1.23所示。

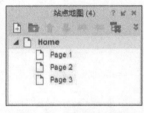

图1.23　站点地图区域

微课视频

其他区域
应用简介

1.3.4　部件区域

部件区域包含了制作原型需要的一些基础部件，Axure RP 7.0 中，默认包含线框图部件库和流程图部件库。

线框图部件库里提供了25种线框图部件，常用的有图片（Image）、标签、文本、矩形、占位符、横线、垂直线、图像热区、动态面板、文本框（单行）、下拉列表框、复选框、单选按钮、HTML按钮等部件，如图1.24所示。

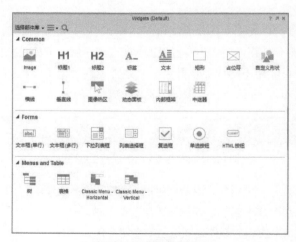

图1.24　线框图部件

流程图部件库里提供了18种流程图部件，有各种图形部件及图片（Image）、文件、角色、数据库等部件，如图1.25所示。

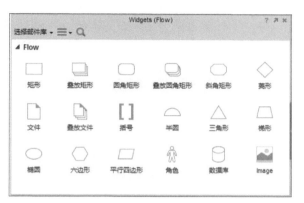

图1.25　流程图部件

1.3.5　母版管理区域

母版管理区域用来设计一些共用、复用的区域，如图1.26所示，如网站尾部版权区域，可能每个页面都会用到版权信息，也可以设计导航菜单，如移动App的底部标签导航，在母版中设计一次，其他页面可直接引用，达到共用、复用的效果。

图1.26　母版管理区域

1.3.6　工作区域

工作区域是用来绘制原型的画布。在这个区域里完成原型的设计，就像画画时在画布上尽情绘制，如图1.27所示。

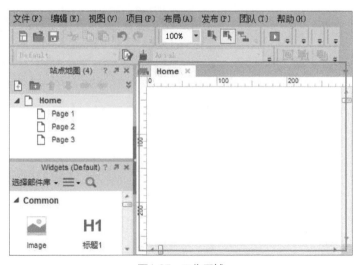

图1.27　工作区域

1.3.7　页面管理区域

　　页面管理区域包含3个选项卡，页面样式选项卡可以设计页面的样式，如页面在浏览器中显示的对齐方式是居中对齐还是居左对齐，页面的背景色或者背景图片，还可以设置一下草图的效果，如图1.28所示。

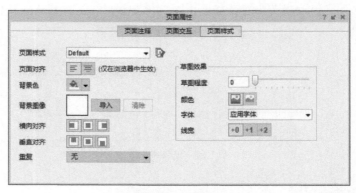

图1.28　页面样式

　　页面交互选项卡可以添加页面交互效果，如页面载入时触发事件、窗口改变大小时触发事件、窗口滚动时触发事件，在更多事件里还提供许多其他的事件，如图1.29所示。

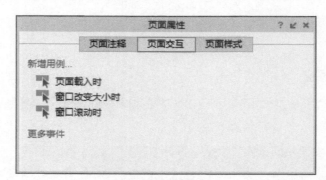

图1.29　页面交互

页面注释选项卡可以填写针对页面的注释，并自定义注释的名称，如图1.30所示。

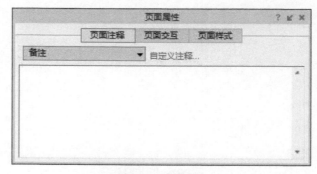

图1.30　页面注释

1.3.8　部件交互区域

在部件交互区域中，可以给部件进行标签命名，也可以给部件添加交互效果，如鼠标单击时触发事件、鼠标移入时触发事件、鼠标移出时触发事件，在更多事件里还提供了许多其他的事件，同时也可以给部件添加注释，如图1.31所示。

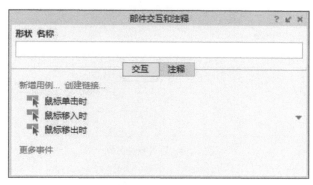

图1.31　部件交互区域

1.3.9　部件样式区域

在部件样式区域中，可以给部件添加属性，添加一些触发事件，设置禁用、选中等属性，也可以给部件添加样式，设置部件的位置和大小，选择部件的样式及设置字体、边框、对齐方式等，如图1.32、图1.33所示。

图1.32　部件属性

图1.33　部件样式

1.3.10 部件管理区域

部件管理区域可以查看页面上使用了哪些部件并管理这些部件，如可以管理动态面板，包括增加动态面板、移动动态面板及删除动态面板等，如图1.34所示。

图1.34 部件管理区域

1.4 小结

本章主要介绍了什么是软件原型及Axure RP 7.0的软件界面，应当做到以下几点。

1 了解什么是软件原型及软件原型的分类，理解它们的优缺点及各自的适用场合。

2 学会Axure RP 7.0软件的安装。

3 认识Axure的软件界面，了解软件界面上的10个区域及它们的含义和功能。

练习

（1）如何导入一个RP文件到工程里面？

（2）如何设置使原型设计软件界面某些区域隐藏起来，如把母版区域隐藏起来？

（3）拖曳一个矩形部件到工作区域，将其背景色填充为灰色（666666），文本内容命名为"我是矩形部件"，字号设置为红色字体，顶部对齐，边框颜色设置为黄色（FFFF00），边框线加粗。

第2章　用Axure站点地图管理页面

站点地图区域位于软件界面的左上方，是用来管理页面和显示页面的区域，如图2.1所示。

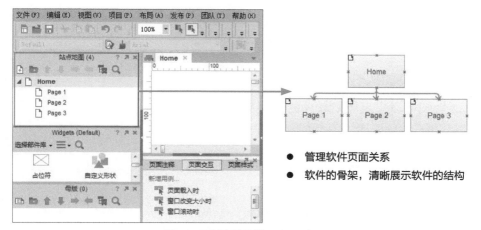

图2.1　用站点地图管理页面层级

本章案例："百度"栏目规划，效果如图2.2所示。

图2.2　"百度"栏目规划效果

2.1 站点地图是什么

2.1.1 什么是站点地图

站点地图由两部分组成。上半部分是站点地图的一些操作按钮，称为功能条或者功能菜单，下半部分是站点地图的页面，呈现树状结构，与Windows文件存放目录结构相一致，通过父与子、兄弟和兄弟的页面关系，将要设计的产品页面整合起来，形成产品的文档关系，如图2.3所示。

站点地图能对产品的功能模块、不同栏目清晰地展示，让开发者和使用者能清晰地理解设计者的思路。

微课视频

站点地图是什么

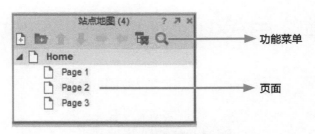

图2.3　站点地图的结构和功能

2.1.2　站点地图能干什么

1. 站点地图可以用来规划软件的功能单元或者软件的结构

在进行软件原型设计的时候，我们手里拿到的只不过是一份需求说明书，甚至有时候连需求说明书都没有，就开始原型设计。这时可以利用站点地图先大致规划一下软件结构，然后根据不同功能模块进行深化设计，这样可以有一个清晰的思路，而不是把所要设计的东西混杂在一起，不知道先设计什么，再设计什么。

2. 站点地图可以让使用者快速地了解软件结构

设计原型的人可能是产品经理也可能是交互设计师，但是使用原型的人就不止他们了，有可能是项目经理，也有可能是开发人员。他们并没有参与原型设计，可以通过站点地图快速地了解软件的结构与功能，试想一下，如果没有站点地图，他们就要去猜、去理解各个页面想要表达的功能，这样很可能误解设计者的意图。

3. 站点地图方便使用者快速地找到想要的页面

如果设计的软件很复杂，页面非常多，没有站点地图来管理页面，那么想要找某个页面或者修改某个页面，就需要花费大量的精力；如果有站点地图，通过站点地图的树状结构，很快就可以定位到想要修改的页面。

2.1.3　使用站点地图注意事项

1. 制作软件原型时要规划软件的功能菜单或者栏目结构

制作原型时要事先规划好软件的功能菜单或者栏目结构，不要随意地在站点地图上新建页面，导致页面结构混乱，根本看不出软件的功能结构。

如果设计一个功能比较复杂，页面比较多的原型，多人协作开发设计，大家都随意地新建页面，最终的结果有可能就像一锅粥，一团乱麻。所以原型设计前要想清楚软件的结构，或者利用站点地图梳理出软件的大致结构。

2. 页面的命名要有意义

页面的命名要让使用者一看，就能知道这个页面所要表达的含义。要做到顾名思义，不光是页面要命名得有意义，部件也要命名得有意义。

2.2　站点地图的功能使用

站点地图的功能使用包括两方面内容：

1 功能条的使用；

2 页面管理。

先来看一下功能条的使用，如图2.4所示。

🗋：为所选择的节点页面创建一个新的同级页面。

如果想给Page1页面新建一个兄弟页面，首先选中Page1页面，然后单击新增页面按钮即可。

📁：为所选择的节点页面创建一个新的同级文件夹，文件夹可以把页面管理起来，如同Windows文件夹一样，把相关文件放置在一起。

在设计界面的过程中，某个功能模块有很多页面，想把这些页面统一管理起来，就可以创建一个文件夹，把页面放置在这个文件夹里。

⬆：在同等级的页面中，将所选页面上移一个位置，调整页面的排序。

如果想把Page2页面放置在Page1前面，可以先选中Page2页面，再单击向上移动按钮即可。

⬇：在同等级的页面中，将所选页面下移一个位置，调整页面的排序。

如果想把Page1页面放置在Page2后面，可以先选中Page1页面，再单击向下移动按钮即可。

➡：将所选页面的层级降级，作为原等级中，排列在所选页面上方的页面的子页面。

如果想把Page2页面作为Page1页面的子页面，可以先选中Page2页面，再单击降级按钮即可。

⬅：将所选页面的层级升级，升级为父页面的同等级页面。

如果想让Page1页面与Home页面同级，可以选中Page1页面，再单击升级按钮即可。

🗑：将所选页面删除，同时删除其子页面，如果当前页面下含有子页面，Axure会自动提示当前页面有子页面，单击提示中的"是"按钮后会同时删除所有子页面。

🔍：可以按页面名称检索站点地图的页面。

当我们制作的原型比较大，页面比较多的时候，想通过站点地图找到某个页面时，可以使用搜索按钮来搜索页面，如想找到Home页面，输入"home"时，就可以把Home页面找出来，所以页面的命名一定要有意义，便于快速地找到想要的页面。

页面重新命名的方式有3种：

1 选中页面后再单击页面名称；

2 通过右键菜单选项里的重命名选项来重新命名；

3 通过快捷键F2进行页面的重新命名。

除了使用功能条来管理页面，也可以在页面上单击鼠标右键，通过弹出菜单选项来管理页面，

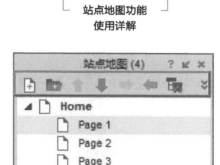

微课视频

站点地图功能
使用详解

图2.4　站点地图的功能条

如图2.5所示。

新增菜单选项，可以在所选页面之前或之后新增同级页面，新增文件夹或子页面。它的效果和功能条上的新增页面和新增文件夹是一样的。

移动菜单选项可以移动页面的前后顺序，调整页面的层级关系，和功能条上的移动操作一致。

不想要的页面或者文件夹可以通过删除选项来删除。

在制作软件原型时，如果发现很多页面布局或者交互效果相似，就可以通过复制选项来复制页面，然后在这个页面的基础上进行修改，这样可以避免将一样的东西制作多次，通过这种方式可以减少工作量，提高制作原型的效率。

图2.5　站点地图右键菜单选项

图标类型选项可以更改页面的图标类型，包括页面和流程图，图标的更改并不会影响页面的内容，它仅仅是更改了一个图标，便于对页面的管理。

通过生成流程图菜单选项，可以生成纵向或者横向的流程图，如选中Home页面，然后单击鼠标右键，选择生成流程图选项，生成纵向流程图，如图2.6所示。

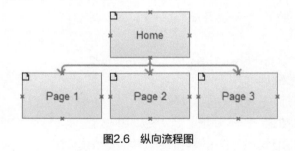

图2.6　纵向流程图

从流程图可以看出软件的功能结构及从属关系，也可以生成横向的流程图，可以根据个人需求来选择生成流程图的类型。

在站点地图中，可以通过功能条来管理页面，也可以通过右键菜单选项来管理页面。它们的功能是一致的，可根据自己的习惯来选择。

2.3 实战——"百度"栏目规划

结合前两节学习的内容，我们来做一个"百度"栏目规划的案例，通过本节内容要学会制作软件原型时如何规划软件的站点地图，进一步加深对站点地图的理解。

打开浏览器，输入百度门户地址home.baidu.com，进入到百度门户页面，如图2.7所示。

选择百度门户作为实例，因为它很有代表性。在制作软件原型时，经常可以碰到软件的功能划分与导航菜单一致的情况，特别是门户网站和应用系

微课视频

"百度"栏目
规划详解

统类软件，在制作原型的时候就可以按导航菜单来建立站点地图的栏目结构。

图2.7　百度门户

先来分析一下百度门户，它有7个一级菜单，也就是被划分为7个大的功能模块。

◎ **首页：**这个是很多网站都存在的模块，展示网站的综合信息。

◎ **百度介绍：**也就是企业介绍，也是必有的一个模块。

◎ **新闻中心：**用来介绍公司的一些新闻事件，也是经常存在的一个模块。

◎ **产品中心：**因为百度公司有很多产品，所以它划分了产品中心模块，这个模块可以根据实际情况来选择；如果有产品，可以划分出产品模块用来展示产品，如果没有，可以去掉该模块。

◎ **商业中心：**是百度的营销推广模块，可以根据实际情况来选择。

◎ **招贤纳士、联系我们：**是很多门户网站都存在的两个功能模块。

以上7个大的功能模块，在站点地图上需要建立7个页面。在一级菜单下面还有二级菜单，并且发现一级菜单打开后默认显示的内容是二级菜单第一个菜单的内容。

◎ 百度介绍下面有百度简介、百度文化、百度之路，百度介绍默认显示的内容是百度简介。

◎ 新闻中心下面没有二级菜单，就不需要建立子页面。

◎ 产品中心下面有产品概览、产品大全、用户帮助、投诉中心4个二级菜单，产品中心默认显示的内容是产品概览。

◎ 商业中心下面有商业概览、百度推广、营销中心、互动营销、联盟合作5个二级菜单，商业中心默认显示的内容是商业概览。

◎ 招贤纳士下面有人才理念、社会招聘、校园招聘、百度校园4个二级菜单，招贤纳士默认显示的内容是人才理念。

◎ 联系我们下面有联系方式、参观百度两个二级菜单，联系我们默认显示的内容是联系方式。

可以依据二级菜单建立相应的子页面，但是需要注意，可以使用父页面来显示二级菜单的第一个菜单内容，所以第一个菜单不用建立子页面，而其他二级菜单需要建立相应的子页面进行原型设计。

下面打开Axure软件，开始"百度"栏目规划设计。

1 将Home页面重新命名为"百度门户"，在百度门户下面建立7个页面，分别命名为"首页""百度介绍""新闻中心""产品中心""商业中心""招贤纳士"和"联系我们"，如图2.8所示。

2 在百度介绍页面新增两个子页面，有两种方式：一种是通过功能条，另一种是通过右键菜单选项。分别命名为"百度文化"和"百度之路"，如图2.9所示。

3 在产品中心页面新增3个子页面，分别命名为"产品大全""用户帮助"和"投诉中心"，可以把暂时不需要展示的子页面收缩起来，如图2.10所示。

4 在商业中心页面新增4个子页面，分别命名为"百度推广""营销中心""互动营销"和"联盟合作"，如图2.11所示。

图2.8　百度一级菜单

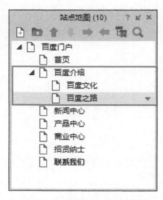

图2.9　百度介绍二级菜单

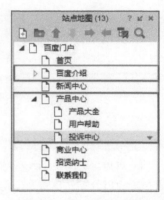

图2.10　产品中心二级菜单

5 在招贤纳士页面新增3个子页面，分别命名为"社会招聘""校园招聘"和"百度校园"，如图2.12所示。

6 在联系我们页面新增一个子页面，命名为"参观百度"，如图2.13所示。

图2.11　商业中心二级菜单

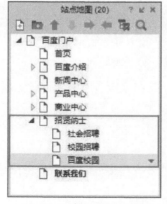

图2.12　招贤纳士二级菜单

图2.13　联系我们二级菜单

这样就把百度门户的栏目结构建立完成了，然后可以按照各个功能模块进行原型设计，可以根据栏目结构生成流程图，看出软件的大致结构及从属关系，如图2.14所示。

图2.14 百度门户流程图

通过这个案例的学习，要学会如何规划软件的栏目结构或者功能模块，可以通过导航菜单入手，来划分软件的功能模块。在制作原型时，先规划出软件的栏目结构，方便我们进行软件的原型设计，同时也可以避免在站点地图上随意地新建页面，导致结构混乱、设计思路不清晰。根据清晰的站点地图，我们就可以逐一进行原型设计了。

2.4 小结

本章主要学习站点地图的使用，通过站点地图管理页面，应当做到以下几点。

1 了解什么是站点地图，站点地图由两部分组成：功能菜单和页面。它可以管理软件的页面关系。

2 通过功能条和右键菜单选项来管理页面，包括新增页面、移动页面、删除页面及搜索页面等。

3 学会如何规划软件栏目结构。

 练习

通过站点地图进行"清华大学门户"栏目规划。

导航菜单有首页、清华新闻、学校概况（校长致辞、学校沿革、历任领导、现任领导、组织机构、统计资料）、院系设置、师资队伍、教育教学（本科生教育、研究生教育、留学生教育、继续教育）、科学研究（科研项目、科研机构、科研合作、科研成果与知识产权、学术交流）、招生就业（本科生招生、研究生招生、留学生招生、学生职业发展）、人才招聘（招聘计划、招聘信息、我要应聘）、图书馆、走进清华（校园生活、校园风光、实用信息）。

注意：括号里的是二级菜单。

第3章 用 Axure 部件库搭积木

在小时候，大家都玩过积木，积木的形状、大小、长短各不相同，发挥我们自己的想象力，使用积木可以拼出一座桥、一个城堡、一座大楼等我们想要的东西。Axure 也为我们提供了很多积木，被称为部件或者元件，只不过比小时候的积木复杂了很多，使用部件，加上设计、经验、想象力，可以绘制出想要的软件原型。

Axure RP 7.0 默认内置了线框图部件库和流程图部件库，除了使用内置的部件库，也可以载入部件库和自定义部件库，如图 3.1 所示。

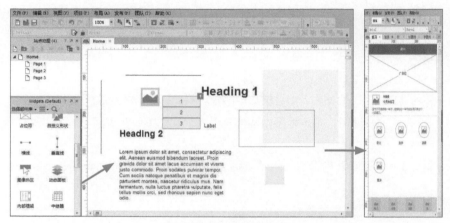

图 3.1　用部件"搭积木"

本章案例：制作"个人简历表"，效果如图 3.2 所示。

个人简历		
个人信息		

姓名＊		
性别＊	● 男　　○ 女	
出生日期＊	2015年 ∨　1月 ∨　1日 ∨	
电子邮箱＊		
手机号码＊		
工作年限＊	请选择 ∨	
现居住地＊		
期望工作性质＊	□ 全职　□ 兼职　□ 实习	
期望月薪＊	请选择 ∨	
	保存　　重置	

图 3.2　制作"个人简历表"效果

3.1 绘制线框图所用的部件

Axure RP 7.0 原型设计软件里默认内置了 25 种线框图部件，分为三类：通用部件有 14 种，表单类部件有 7 种，菜单与表格部件有 4 种，如图 3.3 所示。

微课视频

绘制线框图
所用的部件

图 3.3　线框图部件库

3.1.1　通用型部件的使用

通用型部件包括图片（Image）、标题 1、标题 2、标签、文本、矩形、占位符、自定义形状、横线、垂直线、图像热区、动态面板、内部框架、中继器。最后 3 个部件，由于使用比较复杂，交互效果丰富，使用频率非常高，我们放在后面的章节中详细介绍，如图 3.4 所示。

微课视频

通用型组件
的使用

图 3.4　通用型部件

1. 图片部件的使用

图片部件可以用来占位。软件原型中，往往会包含一些图片的展示，如 LOGO、图标或者某个商品图片，但是还没有想好应该放什么图片，或者留给 UI 设计人员来设计图片，这时可以使用图片部件来表达在软件的某个区域要使用图片来显示。

1 拖曳图片部件到工作区域，双击图片，选择要插入图片，会弹出"您想要自动调整图像部件大小？"的提示框，选择"是"，可以自动调整图片的大小，如图 3.5 所示；选择"否"，图片的大小将和当前的图片部件一样大，如图 3.6 所示。

图 3.5　自动调整图像部件大小

图 3.6　不自动调整图像部件大小

注意：如果替换的图片过大，会弹出提示是否进行优化，选择"是"会对图片进行优化，降低图片的质量，否则按原质量显示。

2 调整图片的尺寸大小有两种方式：一种是在图片上单击，会出现边框，可以上下左右拖动；另一种是在工具栏里的 w 和 h 框里设置图片的大小，调整其他部件的尺寸大小也是同样的方式，如图 3.7 所示。

图 3.7　调整图片尺寸大小

3 Axure 提供分割图像功能，在图片上单击鼠标右键，选择分割图像命令，可以对选中的图片进行分割操作，有十字切割、横向切割、纵向切割 3 种切法，如图 3.8 所示。

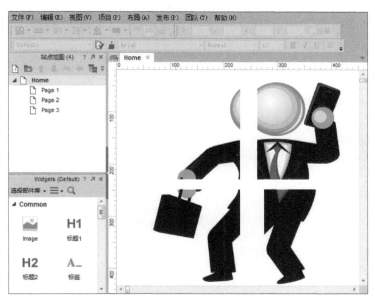

图 3.8　分割图像

当想要图片的某一区域或某一部分时，可以使用分割图像这个功能，把想要的区域分割出来。

2. 标题部件的使用

标题部件可以用来作为一段文字的标题，也可以用来作为某个区域的标题说明。大家都设计过自己的简历，常把个人信息、教育经历、工作经验这类文字加粗起强调作用，这时就可以使用标题部件。

Axure 提供了标题 1 和标题 2 两个部件，标题 1 部件是 32 号字、加粗、黑色（333333），标题 2 部件是 24 号字、加粗、黑色（333333），如图 3.9 所示。

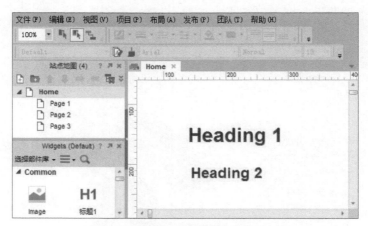

图 3.9　标题 1 和标题 2 部件

3. 标签部件和文本部件的使用

标签部件是单行文本部件，文本部件是多行长文本部件。如果只有一行文本选择标签部件，如果有多行文本可以使用文本部件，如图 3.10 所示。

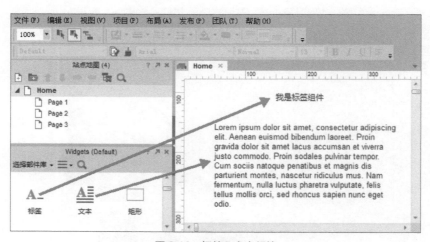

图 3.10　标签和文本部件

4. 矩形部件和占位符部件的使用

矩形部件和占位符部件可以用来做很多工作，在本质上这两种部件没有太大的区别，可以用这两种部件做横向、纵向的菜单或背景图。这两种部件的区别在于占位符部件更强调占位作用，如果想表达页面区域某个位置放什么，可以放一个占位符，清晰明了表达这个区域的含义。

1 矩形部件可以用来制作背景图，拖曳一个矩形部件到工作区域，颜色填充为灰色（E4E4E4），宽度和高度都设置成 300，去掉边框线，灰色背景制作完成，如图 3.11 所示。

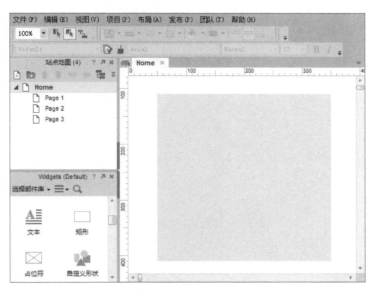

图 3.11　制作灰色背景图

2 矩形部件可以设计成各种各样的形状，如果想把图 3.11 正方形的灰色背景，制作成圆形的灰色背景，这时单击鼠标右键，选择"选择形状"命令，会弹出用矩形可以制作的各种图形，选中椭圆命令，调整形状即可做成圆形灰色背景，如图 3.12 所示。

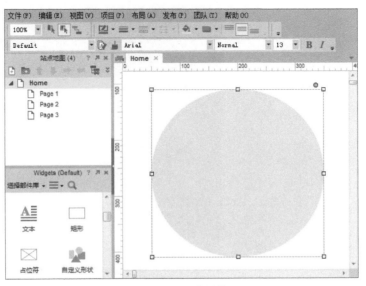

图 3.12　调整形状

除了椭圆形，还可以设计成其他的形状，比如向上三角形、五角星、水滴、方括号等，可以根据自己需要，将矩形部件调整为其他形状。

3 利用矩形部件制作导航菜单，拖曳 4 个部件到工作区域，呈一字型放置，双击分别命名为菜单一、菜单二、菜单三和菜单四。利用快捷键 Ctrl+A，全选 4 个矩形部件，通过工具栏按钮设置矩形的高度为 40，宽度为 100，如图 3.13 所示。

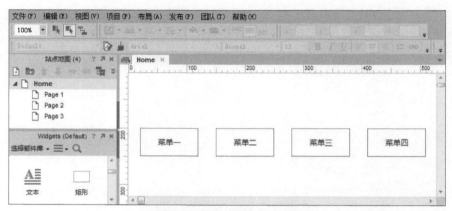

图 3.13　用矩形部件制作导航菜单

注意：由于矩形部件和占位符部件的功能差不多，占位符的操作可以参照矩形部件。

5. 自定义形状部件的使用

自定义形状部件类似矩形部件，可以做出各种各样形状的按钮、菜单或者页签等。

拖曳 3 个自定义形状部件，单击鼠标右键，在选择形状命令中选左侧斜角标签，调整它们的位置，重新命名为"页签一""页签二"和"页签三"，就可以制作出页签，如图 3.14 所示。

图 3.14　自定义形状制作页签

6. 横线和垂直线部件的使用

横线和垂直线是很灵活的两个部件，用它们可以设置一条水平线或者垂直线，可以利用工具栏快捷按钮编辑它们的颜色、线框、线条样式和箭头方向，如图 3.15 所示。

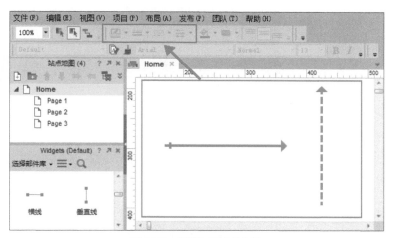

图 3.15　横线和垂直线部件

7. 图像热区部件的使用

在购物网站上，经常可以看到组合装或者套装的商品，它们是一体图片，如果就想知道裙子的商品信息，或者衣服的商品信息，就可以使用图像热区部件。

分别在衣服和裙子上添加图像热区，也就是增加两个单击的锚点，单击图像热区就可以显示不同的商品信息，如图 3.16 所示。

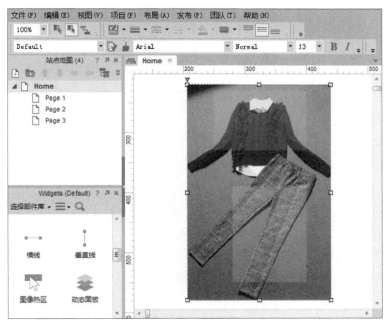

图 3.16　图像热区部件

图像热区部件用到的频率非常高，特别是在做一些移动 App 软件时，就会发现图像热区部件使用得多么频繁，多么好用。

3.1.2　表单型部件的使用

表单型部件是在设计表单时经常会用到的部件，如登录、注册表单等就可以使用表单型部件来设计。表单型部件包括文本框（单行）、文本框（多行）、下拉列表框、列表选择框、复选框、单选按钮和 HTML 按钮，如图 3.17 所示。

图 3.17　表单型部件

1. 文本框（单行）部件和文本框（多行）部件的使用

文本框（单行）部件，经常用于收集表单内容，如单行输入框；文本框（多行）部件，可以用来做多行文本的输入框，如图 3.18 所示。

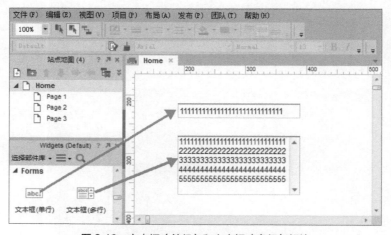

图 3.18　文本框（单行）和文本框（多行）部件

在登录网站的时候，经常会在输入框里看到"请输入用户名、手机号或者邮箱"。文本框（单行）部件同样可以填写提示信息，在文本框输入内容时，提示文字会自然消失。在右侧的属性选项卡里，可以设置文本框的输入类型，包括文本（Text）、密码、邮箱、Number 等，如图 3.19 所示。

在属性里还可以设置提示文字的样式，比如提示文字为"请输入用户名"，字体颜色为浅灰色（CCCCCC），可以在部件属性和样式区域里填写提示文字，并单击提示样式来设置文字样式，如图 3.20 所示。

可以设置文本框（单行）部件文字输入的最大文字数，同时也可以隐藏边框、设置为只读或者禁用，可以根据自己的需要来设置，如图 3.21 所示。

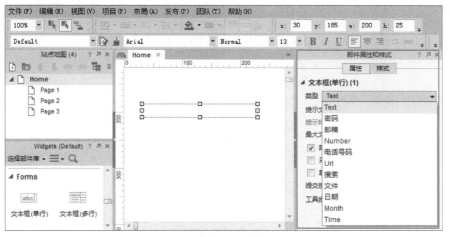

图 3.19　文本框类型

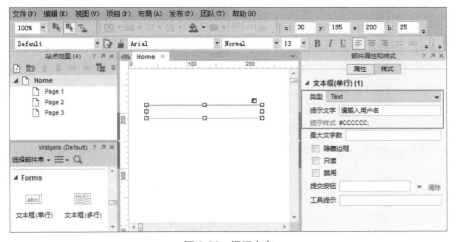

图 3.20　提示文字

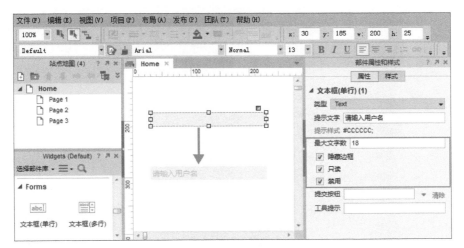

图 3.21　文本框属性

注意：通过设置文本框的不同输入类型，可以看到有不同的显示效果，当输入密码的时候，用点号代替，可以保护密码的安全，同时丰富了原型的显示效果。

文本框（多行）部件，同样可以在右侧属性选项卡里设置提示文字、隐藏边框，及设置只读和禁用，但是不能设置文本框的类型及最大文字数，如图 3.22 所示。

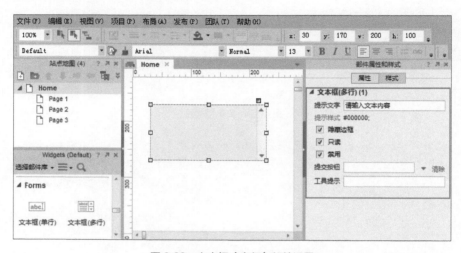

图 3.22　文本框（多行）部件设置

2. 下拉列表框部件和列表选择框部件的使用

下拉列表框部件，就是经常用到的下拉菜单，只能显示一个下拉菜单选项，而列表选择框部件，可以显示多个下拉菜单选项。如果页面区域有限，可以使用下拉列表框部件，如果页面区域比较大，放置一个下拉列表框，感觉空着很多地方，页面整个布局不好看，可以使用列表选择框部件，如图 3.23 所示。

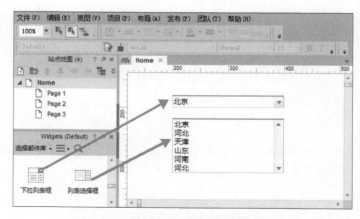

图 3.23　下拉列表框部件和列表选择框部件

实战演练

1 拖曳一个下拉列表框部件，双击这个部件，弹出编辑选项对话框，单击加号可以新增一个菜单选项，单击菜单选项可以对它重新命名，命名为"北京"，再新增一个下拉选项，命名为"上海"，如图3.24所示。

2 单击向上箭头和向下箭头，调整下拉菜单选项的顺序，如图3.25所示，单击红色叉号，可以删除选项。

3 单击"新增多个"按钮，弹出新增多个对话框，每行代表一个下拉菜单选项，如图3.26所示。

4 如果想把某个选项作为默认显示的选项，只需要勾选前面的复选框即可，如图3.27所示。

图3.24　编辑选项对话框

5 列表选择框的操作方式和下拉列表框的操作方式一样，但是允许选择多个默认选项，如图3.28所示。

图3.25　调整选项顺序

图3.26　新增多个对话框

图3.27　设置默认选项

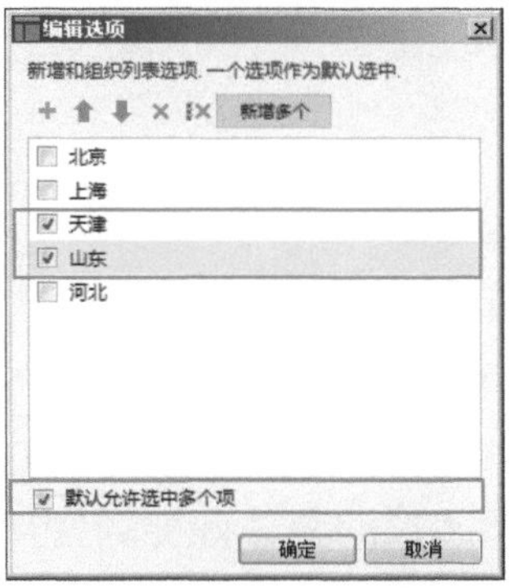

图3.28　列表选择框设置默认选项

3. 复选框部件和单选按钮部件的使用

如果允许选择多个选项，可以使用复选框部件，如果每次只能选中一个，适合使用单选按钮部件，如图 3.29 所示。

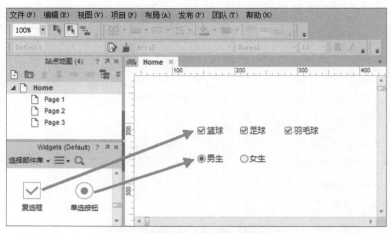

图 3.29　复选框和单选按钮部件

4. HTML 按钮部件的使用

HTML 按钮部件经常被用来作为操作按钮，如注册、登录、保存、取消按钮等。

3.1.3　菜单与表格部件的使用

菜单与表格部件包括树、表格、横向菜单（Classic Menu-Horizontal）和纵向菜单（Classic Menu-Vertical），如图 3.30 所示。

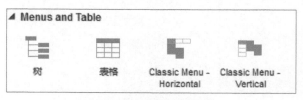

图 3.30　菜单与表格部件

微课视频

菜单与表格
组件的使用

1. 树部件的使用

树部件可以用来设计部门树结构或其他有层次的结构，就像站点地图的页面结构一样。新增子节点、调整树的层级关系、删除子节点等操作都是通过右键菜单里的选项来进行的，如图 3.31 所示。

2. 表格部件的使用

表格部件用来显示表格，是使用频率比较高的一个部件，对它的操作是通过右键菜单里的选项来进行的，如图 3.32 所示。

3. 横向菜单和纵向菜单部件的使用

横向菜单和纵向菜单是用来制作导航菜单的部件，对它们的操作也是通过右键菜单里的选项来进行的，如图 3.33 所示。

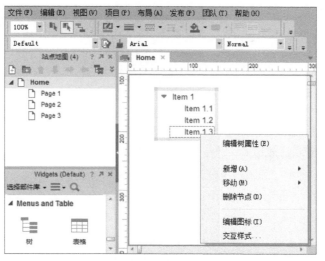

图 3.31　树形部件

图 3.32　表格部件

图 3.33　横向和纵向菜单部件

以上就是绘制线框图时会用到的部件，包括通用型部件、表单型部件及菜单与表格部件。每个部件都有自己的含义和功能，掌握这些部件的使用，有利于提高制作原型的效率。

3.2 绘制流程图所用的部件

Axure RP 7.0 原型设计软件默认内置了 18 种流程图部件，常用的部件有图片（Image）、矩形、叠放矩形、圆角矩形、叠放圆角矩形、斜角矩形、菱形、半圆、三角形、梯形、椭圆、六边形、平行四边形，如图 3.34 所示。

流程图部件都有自己的特点和代表的意义，在绘制流程图之前，要知道常用的部件所代表的意思，才能画出规范的流程图。

微课视频

绘制流程图
所用的部件详解

图 3.34　流程图部件库

◎ **矩形**：代表要执行的处理动作，用作执行框。

◎ **圆角矩形**：代表流程的开始或者结束，用作起始框或者结束框。

◎ **菱形**：代表决策或者判断，用作判别框。

◎ **文件**：代表一个文件，用作以文件方式输入或者以文件方式输出。

◎ **括号**：代表说明一个流程的操作或者特殊行为。

◎ **平行四边形**：代表数据的操作，用于数据的输入或者输出操作。

◎ **角色**：代表流程的执行角色，角色可以是人也可以是系统。

◎ **数据库**：代表系统的数据库。

🏃 实战演练

大家在上学的时候，经常会参加一些在线考试，下面使用流程图部件来绘制一下考试的过程，如图 3.35 所示。

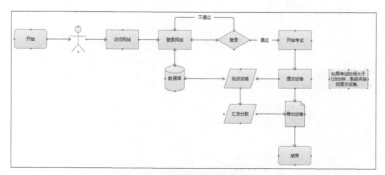

图 3.35　在线考试系统流程图

1 保存当前工程，命名为"在线考试系统流程图"，把 Home 页面重新命名为"在线考试系统流程图"，把没用的页面删除掉。选择流程图部件库，拖曳一个圆角矩形部件，作为流程的开始，文本内容重新命名为开始，如图 3.36 所示。

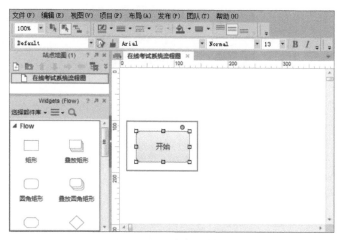

图 3.36　圆角矩形部件

2 拖曳一个角色部件，代表参加考试的人员，选择连接模式（见 1.3.2 节），将圆角矩形部件和角色部件连接起来，可以给连接线添加箭头和样式，添加一个向右的箭头，接下来访问在线考试系统，需要拖曳一个矩形部件，把文本内容重新命名为"访问网站"，用连接线把它们连接起来，如图 3.37 所示。

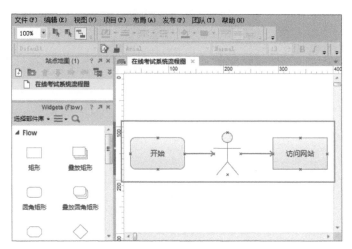

图 3.37　访问网站

3 接着要登录到系统里，拖曳一个矩形部件，命名为"登录网站"，用连接线将访问网站和登录网站连接起来，如图 3.38 所示。

4 需要拖曳一个数据库部件来代表数据库，登录的时候需要用户输入用户名和密码，系统与数据库进行比对，比对完成后数据库会返回信息告诉我们是否登录成功，这是一个双向的操作，需要一个双向的箭头，如图 3.39 所示。

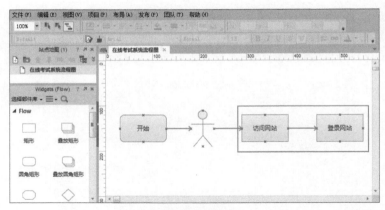

图 3.38　登录网站

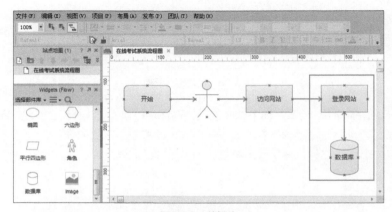

图 3.39　数据库

5 拖曳一个菱形部件，用于登录的验证。登录验证有两种情况：验证通过和验证不通过，如果用户名和密码都输入正确，就可以登录到系统里进行在线考试，拖曳一个矩形部件，将文本内容重新命名为"开始考试"，如果登录校验失败，就得重新登录，如图 3.40 所示。

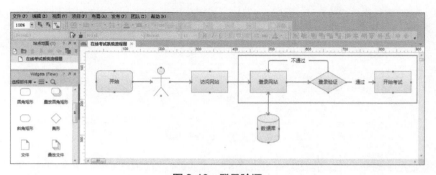

图 3.40　登录验证

注意：连接线上的文字命名，如通过、不通过，需要先选中连接线，然后输入文字内容。

6 考试完需要提交试卷，拖曳一个矩形部件，文本内容重新命名为"提交试卷"，还要加一段说明文字，需要使用括号部件来加以说明："如果考试时间大于120分钟，系统将自动提交试卷"。如图 3.41 所示。

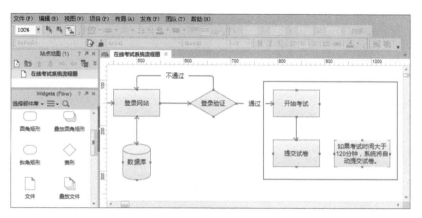

图 3.41　提交试卷

7 提交完试卷，系统会批改试卷，拖曳一个平行四边形部件，作为数据的输入，批改的时候也需要与数据库打交道，同样连接线也是双向的，如图 3.42 所示。

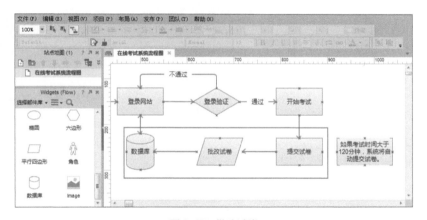

图 3.42　批改试卷

8 提交试卷后也可以导出试卷，可以使用文件部件来代表导出的试卷。在批改完试卷之后，需要输出汇总的分数，同样拖曳一个平行四边形部件，作为数据的输出，把它重新命名为汇总分数。汇总分数后可以导出试卷，也得用文件部件来代替，最后我们拖曳一个圆角矩形部件，结束流程，如图 3.43 所示。

9 按 F5 键发布原型，如图 3.44 所示。通过在线考试系统的流程图，可以清晰地知道在线考试系统的操作流程，这样在绘制线框图的时候，设计思路就会很清晰，可以高效快速地绘制原型。

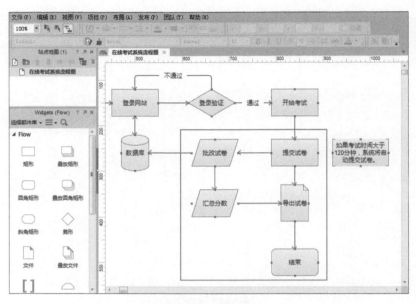

图 3.43　结束流程

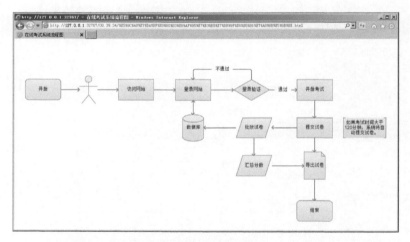

图 3.44　发布原型

3.3　如何载入部件库和自定义部件库

　　Axure 在部件管理区域默认提供了线框图部件和流程图部件，但是在制作原型的过程中，这两类部件并不能满足设计原型的需求，如果设计移动应用软件，需要使用 Andriod 部件库或者使用 iOS 部件库，设计其他的软件，有可能使用其他的部件库，甚至有时候现成的部件库还是不能满足需求，需要自己来制作部件库，自定义部件库。

微课视频

如何载入部件库
和自定义部件库

3.3.1　载入部件库

在 Axure 部件区域，单击"选择部件库"，从这里可以看出默认的有线框图部件库和流程图部件库，也能看出汉化得并不是很完善，如图 3.45 所示。

需要载入新的部件库怎么办，假如要设计移动应用软件，需要添加一个 Andriod 部件库到软件里。

图 3.45　部件库

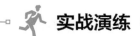

1 要找到部件库有 3 种方式：第一种是到官网上下载（http://www.axure.com/download-widget-libraries），官网上提供了很多种部件库，可以发现部件库都是以".rplib"为后缀名的；第二种是到网上搜索，现在网上有很多开源的部件库，很多原型论坛或者原型爱好者也会发布一些部件库；第三种可以自己制作部件库，制作自己想要的、常用的部件。

2 单击"选择部件库"右侧的选项按钮，在下拉菜单中选择"载入部件库"命令，弹出"打开"对话框，找到事前准备好的部件库，单击"打开"按钮，就可以将部件库载入到软件里，如图 3.46、图 3.47 所示。

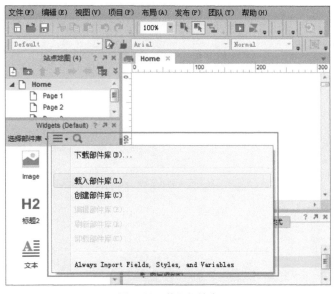

图 3.46　载入部件库

3 还有一种方式可以载入部件库，先把软件关闭掉（一定要先关闭掉软件），打开 Axure 的安装目录，在 DefaultSettings 文件夹中找到 Libraries 文件夹打开，可以看到刚才通过软件载入了 Android 的部件库，把需要载入的 iOS 部件库直接拷贝到 Libraries 文件夹下，重新打开软件，可以看到 iOS 部件库已经载入到了软件里，如图 3.48、图 3.49 所示。

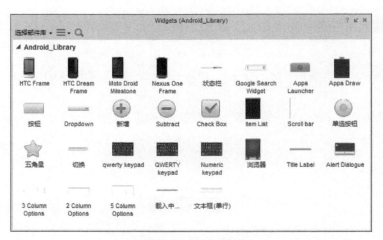

图 3.47　Android 部件库

图 3.48　部件库路径

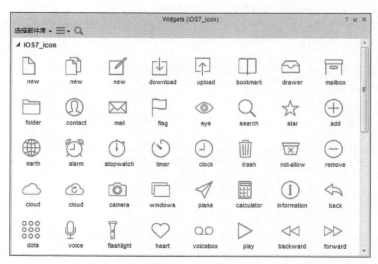

图 3.49　iOS 部件库

3.3.2 自定义部件库

在设计原型的时候，载入的部件库中，如果没有想要的部件，就得自定义部件库了。一些特别的或者常用的部件，如增加、删除、修改、搜索、红灯、黄灯、绿灯等图标，就可以放在自定义部件库里。

━━━━━━━━◇━ 🏃 **实战演练** ━◇━━━━━━━━

1 单击部件区域的"选项"按钮，在下拉列表中选择"创建部件库"，在弹出的对话框中输入部件库的名称"mylib"，接着进入部件的编辑区域，在这里可以自定义部件，如图3.50、图3.51所示。

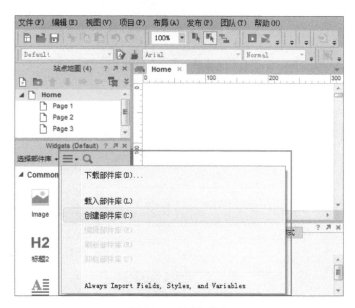

图 3.50　创建部件库

2 在设计登录页面的时候，都有一个登录提交的按钮。设计一个登录的按钮，把新部件1重新命名为"登录"，拖曳一个矩形部件，高度设置为50，圆角半径设置为10，填充为绿色，文本内容为"登录"，字体设置为白色加粗，20号字，中间空两个空格，如图3.52所示。

3 再来做一个搜索部件。经常用放大镜来代表搜索的含义，拖曳一个矩形部件，选择椭圆形状，高度和宽度都设置为30，再拖曳一个矩形，作为放大镜的把手，调整一下大小，再调整上下顺序，如图3.53所示。

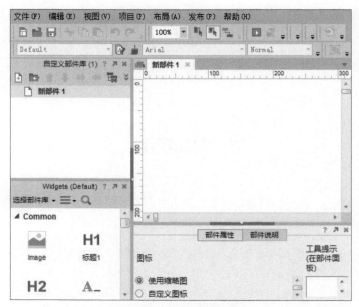

图 3.51　部件编辑区域

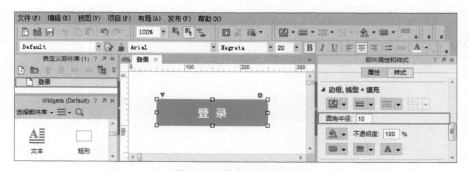

图 3.52　自定义登录按钮

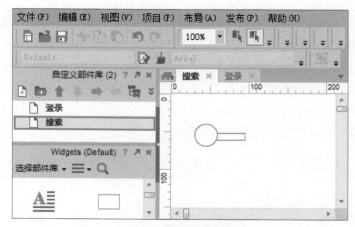

图 3.53　自定义搜索按钮

4 制作完两个自定义部件后，可以将制作部件的页面先关闭，刷新部件库，制作的部件就显示出来了，如图3.54、图3.55所示。

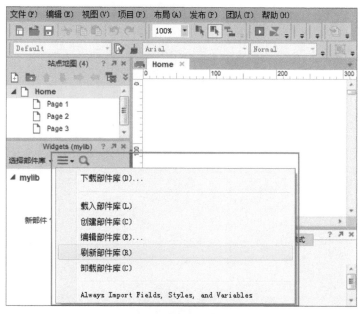

图3.54　刷新部件库

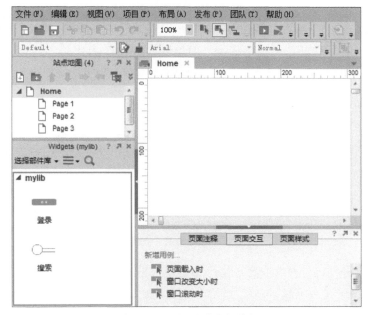

图3.55　mylib自定义部件库

自定义的部件和其他部件一样使用，还可以继续编辑部件库，也可以卸载部件库。除了线框图和流程图部件库，其他部件库都可以被卸载。

3.4 实战——制作“个人简历表”

微课视频

制作“个人简历表”详解

找工作的时候，需要投递简历，现在有很多网站都可以投递简历，如前程无忧、智联招聘等。在投递简历之前，需要制作自己的个人简历，下面一起动手来制作“个人简历表”，设计一下简历的个人信息模块，如图 3.56 所示。

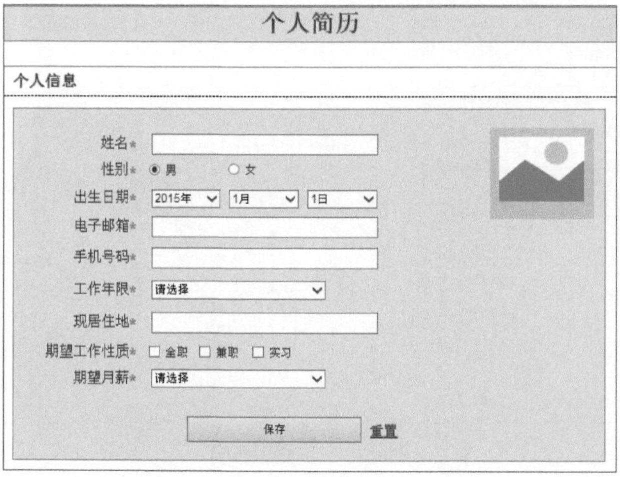

图 3.56　个人简历

1 打开 Axure RP 7.0 原型设计工具软件，将当前工程保存为“个人简历表单”，将 Home 页面修改为“个人简历”。拖曳一个矩形部件，宽度设置为 704，高度设置为 42，颜色填充为灰色（D7D7D7），文本内容命名为“个人简历”，32 号字，加粗，如图 3.57 所示。

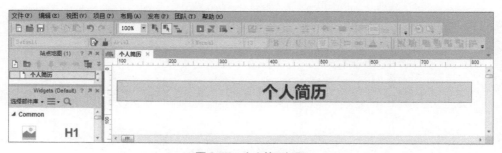

图 3.57　个人简历标题

2 拖曳一个矩形部件，宽度设置为 704，高度设置为 483，作为边框；拖曳一个标题 2 部件，文本内容重新命名为“个人信息”，作为个人信息的标题；拖曳一个横线部件，宽度设置 483，线条样式设置为第 4 个，如图 3.58 所示。

3 拖曳一个矩形部件，宽度设置为 680，高度设置为 416，颜色填充为灰色（D7D7D7），作为个人信息背景；拖曳一个标签部件，文本内容命名为“姓名”，字号为 16 号；拖曳文本框（单行）部件，宽度设置为 260，高度设置为 50，作为姓名的输入框，如图 3.59 所示。

图 3.58　个人信息标题及边框

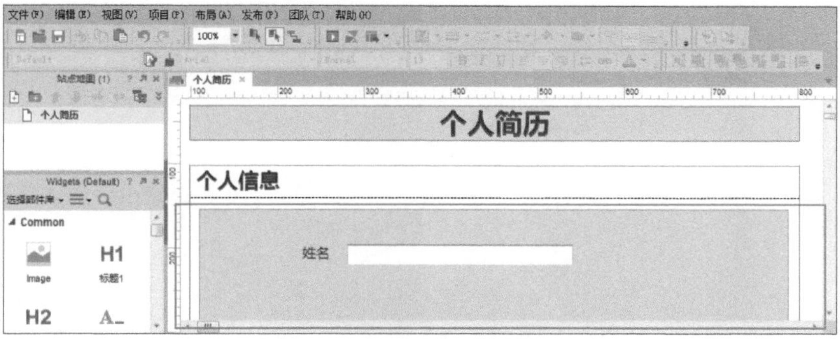

图 3.59　姓名输入框

4 拖曳一个标签部件，文本内容命名为"性别"，字号为 16 号；拖曳两个单选按钮部件，分别命名为"男"和"女"，同时选中这两个单选按钮，单击鼠标右键，选择"指定单选按钮组"，将组名命名为"性别组"，这样每次只能选中一个性别，如图 3.60 所示。

图 3.60　性别设置

5 拖曳一个标签部件，文本内容命名为"出生日期"，字号为16号；拖曳3个下拉列表框部件，分别双击下拉列表框部件，添加年、月、日下拉选项，如图3.61所示。

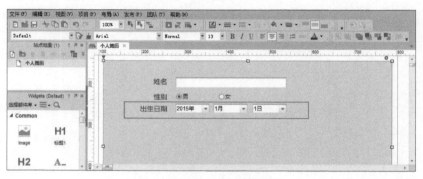

图 3.61　出生日期

6 拖曳3个标签部件，文本内容命名为"电子邮箱""手机号码"和"现居住地"，字号为16号字；拖曳3个文本框（单行）部件，宽度设置为260，高度设置为50，作为输入框，如图3.62所示。

图 3.62　电子邮箱、手机号码、现居住地输入框

7 拖曳一个标签部件，文本内容命名为"工作年限"，字号为16号字；拖曳一个下拉列表框部件，宽度设置为200，高度设置为22，添加工作年限下拉选项，如图3.63所示。

图 3.63　工作年限

8 拖曳一个标签部件，文本内容命名为"期望工作性质"，字号为16号字；拖曳一个复选框部件，分别命名为"全职""兼职"和"实习"，如图3.64所示。

图 3.64　期望工作性质

9 拖曳一个标签部件，文本内容命名为"期望月薪"，字号为16号字；拖曳一个下拉列表框部件，宽度设置为200，高度设置为22，添加期望月薪下拉选项，如图3.65所示。

图 3.65　期望月薪

10 拖曳一个HTML按钮部件，宽度设置为200，高度设置为30，文本内容命名为"保存"；拖曳一个标签部件，文本内容为"重置"，添加下划线，字号为16号字，如图3.66所示。

图 3.66　保存按钮

11 拖曳一个标签部件，文本内容命名为"*"，字号设置为20号，字体颜色设置为红色（FF0000），再复制出8个，分别放置在表单标签的前面，作为必填项的提示；拖曳一个图片部件，宽度设置为125，高度设置为122，作为头像照片，如图3.67所示。

图 3.67　必填项和头像

这样就设计完了个人信息表单页面。本案例使用了标签部件、文本框（单行）部件、单选按钮部件、下拉列表框部件、复选框部件及图片部件。综合应用这些部件，就可以完成各类表单的制作。

3.5　小结

本章主要学习 Axure 部件库的使用，使用部件库绘制软件界面原型，应当做到以下几点。

1 掌握线框图部件的含义和使用，包括通用型部件、表单型部件及菜单与表格部件。

2 掌握流程图部件的含义和使用，学会使用流程图部件绘制流程图。

3 学会如何载入部件库和自定义部件库，载入新的部件库并自己定义一些部件。

练习

个人简历表除了个人信息模块，还有教育经历、工作经验等模块，使用 Axure 部件库，绘制教育经历、工作经验表单，如图 3.68、图 3.69 所示。

拓展案例

绘制 iPhone
手机背景

图 3.68　教育经历

图 3.69　工作经验

第 4 章　用 Axure 动态面板制作动态效果

　　动态面板部件是一个动态的、由面板组成的部件。它可以让原型呈现动态的效果，而不是那种毫无生气的静态页面，它还能实现软件的高级交互效果。

　　动态面板部件是 Axure 模拟很多动态效果的主要工具，如要模拟淘宝的广告轮播，可以将几张图摞在一起，轮流拿到最上面来显示，单击一个圈，就将对应的图放到最上面，如图 4.1 所示。

图 4.1　动态面板模拟海报轮播效果

　　本章案例：淘宝登录页签的切换效果，两张图摞在一起，单击"账户密码登录"将图 4.2 置于上层显示，单击"快速登录"将图 4.3 置于上层显示，即可模拟淘宝登录页签的切换效果。这就是动态面板模拟交互效果的基本原理。

图 4.2　账号密码登录　　　　　　　图 4.3　快速登录

4.1 动态面板的使用

微课视频

动态面板的
使用详解

动态面板部件是怎么实现动态效果的呢？动态面板部件里包含多种状态，可以把动态面板理解为装载这些状态的容器。

我们在上学的时候，经常把作业本摆成一摞，只能看到最上面一本的封面。这一摞作业本就是动态面板，每本作业就是动态面板中的一个状态，只有最上面的一个状态是可见的，其他状态都是隐藏的，如图4.4所示。动态面板的图标很形象地描绘出了动态面板部件的功能。

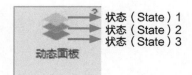

图 4.4　作业本和动态面板图标

下面就以学生作业本为例，来学习动态面板的使用。

4.1.1　创建动态面板并命名

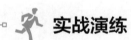

实战演练

1 打开 Axure RP 7.0 软件，将工程保存起来，命名为"动态面板演示操作"，拖曳一个动态面板到工作区域，如图4.5所示。

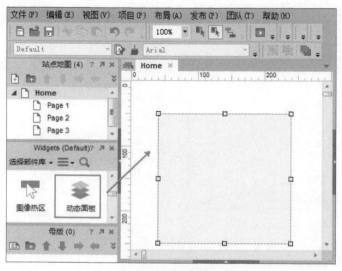

图 4.5　拖曳动态面板

2 双击动态面板，可以打开"动态面板状态管理"对话框，输入动态面板的名称"一摞作业本"，在下面就是面板的状态，它默认会给一种状态，就像一摞作业本里至少有一个作业本，一个动态面板也至少有一种状态，如图4.6所示。

图 4.6　动态面板名称

4.1.2　编辑动态面板状态

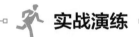 **实战演练**

1 代表新增一个动态面板的状态，单击就可以对状态重新命名，把状态分别命名为小明的作业本、小刚的作业本，如图4.7所示。

2 代表复制动态面板的状态，如果两个状态的内容差不多，想在上一个状态内容的基础上进行修改，我们可以先复制出一个状态。小虎知道小刚学习好，每次做作业都会借小刚的作业本来抄，如图4.8所示。

图 4.7　新增动态面板状态

图 4.8　复制动态面板状态

3 代表动态面板状态的上移操作，如果老师想看小刚的作业本，使用这个操作就可以把这个状态向上移动，一直可以移动到第一层，如图4.9所示。

4 ![下移] 代表动态面板状态的下移操作，小明同学的作业做得很不好，老师很生气，要把它放在最下面，这时候可以使用下移这个操作，一直可以移动到最下面，如图 4.10 所示。

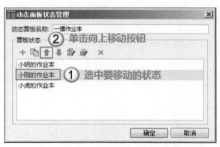

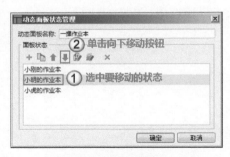

图 4.9　向上移动操作　　　　　　　　　　　图 4.10　向下移动操作

5 如何编辑状态来修改作业本里的内容呢？有两个按钮可以进行状态的编辑。一个是编辑状态，可以编辑选中的状态；另一个是编辑全部状态，可以打开所有要编辑的状态页面，也可以双击要编辑的状态，进入到编辑状态的页面，如图 4.11、图 4.12 所示。

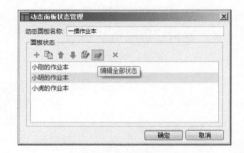

图 4.11　编辑状态　　　　　　　　　　　图 4.12　编辑全部状态

6 进入到编辑状态之后，可以看到有蓝色的虚线框，它代表内容的显示区域，在蓝色虚线框里的内容可以显示出来，超出这个区域，将被隐藏起来，先添加一个不超出显示区域的内容，拖曳一个矩形部件，文本内容重新命名为"小明 90 分"，如图 4.13、图 4.14 所示。

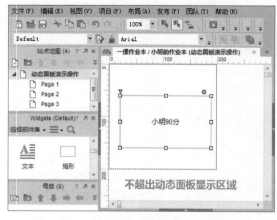

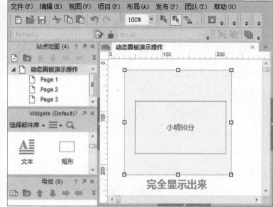

图 4.13　拖曳矩形部件　　　　　　　　　　图 4.14　完全显示出来

7 双击动态面板，打开对话框，编辑小刚作业本的状态，这次我们使用编辑全部状态，会发现所有的状态都会打开，找到小刚的作业本状态，同样拖曳一个矩形部件，把部分内容超出显示区域，文本内容重新命名为"小刚98分"，如图4.15、图4.16所示。

图 4.15　编辑小刚的作业本状态

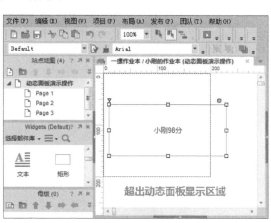

图 4.16　拖曳矩形部件

8 回到动态面板所在页面，可以看到没有小刚的分数，仍然显示的是小明的分数，如图4.17所示。

9 双击动态面板部件，选中小刚的作业本，单击向上移动按钮，将它移动到第一个位置，单击确定按钮，会发现这次显示的是小刚作业本的内容，并且超出显示区域的内容，没有显示出来，如图4.18、图4.19所示。

10 选中动态面板，通过拖曳的方式，可以调整动态面板的大小，让内容完全显示出来，如图4.20所示。

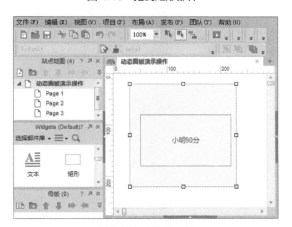

图 4.17　小明的分数

图 4.18　调整状态位置

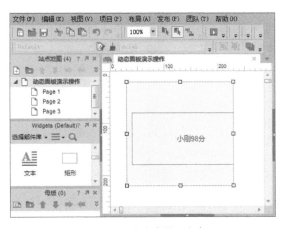

图 4.19　没有完全显示出来

11 可以删除一些不用的状态，双击动态面板部件，单击红色的叉号，可以删除选中的状态，如现在选中的是小虎的作业本，单击叉号就可删除，如图 4.21 所示。

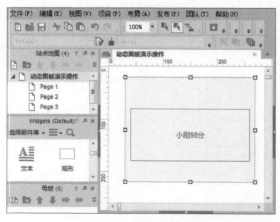

图 4.20　完全显示出来

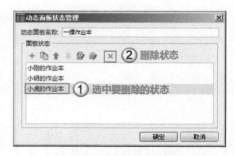

图 4.21　删除状态

4.1.3　通过管理区域管理动态面板

细心的人会发现，部件管理区域发生了变化，部件管理区域显示的是我们刚才设计的动态面板部件及它的各个状态，在 Axure RP 7.0 版本以前，这个区域被称为动态面板管理区域，也就是说只能管理动态面板部件，动态面板是一个神奇的部件，可以制作出各种交互效果，如图 4.22 所示。

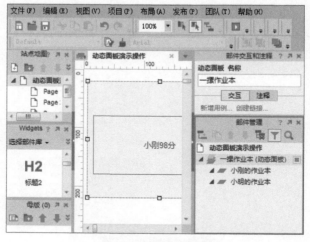

图 4.22　部件管理区域

　：代表当前页面，在这个页面里可以添加各种部件及给部件添加交互操作。

　：代表动态面板部件，在这个部件下面可以添加各种状态。

　：代表动态面板部件下的各种状态。

在 Axure RP 7.0 版本中，将这个区域称为部件管理区域，可以对所有的部件进行管理，动态面板很多神奇的功能也被赋予给其他部件，使其他部件也可以实现动态的效果，但使用比较多的还是动态面板部件，掌握动态面板部件的使用，可以制作出丰富的交互效果。

1 部件管理区域中第1个按钮是新增状态。给动态面板部件新增一个状态，要先选中要添加状态的动态面板，如图4.23所示。

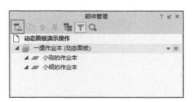

图 4.23　新增状态

2 第2个按钮是复制状态。选中要复制的状态，如选中小刚的作业本，单击复制按钮复制出一个新的状态，双击命名为"小红的作业本"，它的状态内容和小刚的作业本是一样的，如图4.24、图4.25所示。

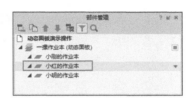

图 4.24　复制状态　　　　　　　　　图 4.25　小红状态重新命名

3 在部件管理区域双击动态面板的状态就可以打开状态进入编辑页面。双击动态面板，在弹出的"动态面板状态管理"对话框中，双击动态面板的状态，也会进入到相应编辑页面。

4 可以调整状态的顺序关系，向上向下移动，动态面板的显示内容就会发生变化，这样很方便我们调整状态的显示情况，如图4.26所示。

图 4.26　调整状态顺序

5 选中状态，单击删除按钮可以删除状态，用同样方法也可以删除动态面板，如图4.27、图4.28所示。

图 4.27　删除状态　　　　　　　　　图 4.28　删除动态面板

6 漏斗一样的按钮图标是部件过滤器。单击部件过滤器按钮，会弹出很多选项，用来设置部件管理区域的显示情况，现在默认勾选了 3 个选项，如图 4.29 所示。

7 勾选只显示母版，会发现刚才显示的动态面板隐藏起来了，如图 4.30 所示。勾选只显示动态面板，部件管理区域就会将动态面板的内容显示出来。这个部件过滤器使用起来很方便，可以根据自己的需求来设置。

图 4.29　部件过滤器

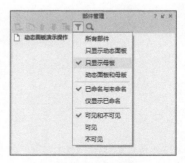

图 4.30　只显示母版

8 放大镜这个按钮图标大家都很熟悉了，是用来进行检索操作的，如图 4.31 所示。

9 可以把动态面板的状态收缩、展现出来，还可以将动态面板从视图中隐藏起来。在设计的时候，也经常会用到这个功能，如图 4.32 所示。

图 4.31　部件检索

图 4.32　收缩、隐藏动态面板

这些就是动态面板和部件管理区域的基本使用方法，学会和掌握动态面板的使用很重要，动态面板部件是使用很频繁的一个部件，也是制作交互效果用到最多的部件。

4.2 动态面板的常用功能

动态面板部件是制作交互效果的主力军，那么它到底可以实现哪些交互效果呢？动态面板有 8 个常用的功能：显示与隐藏、调整大小以适合内容、滚动栏设置、固定到浏览器、100% 宽度、从动态面板脱离、转换为母版、转换为动态面板。

4.2.1　动态面板的显示与隐藏效果

动态面板通过显示与隐藏效果的切换，完成动态的交互效果。

微课视频

动态面板的
常用功能详解

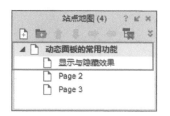

1 先把当前工程保存起来，Home 页面也重新命名为"动态面板的常用功能"，把 Page1 页面重新命名为"显示与隐藏效果"，如图 4.33 所示。

2 进入到"显示与隐藏效果"页面，拖曳两个 HTML 按钮部件，分别命名为"显示"和"隐藏"，拖曳一个动态面板部件，动态面板的名称为"显示与隐藏"，把 State1 重新命名为"内容"，如图 4.34 所示。

图 4.33 页面命名

图 4.34 拖曳 HTML 按钮和动态面板部件

3 编辑"内容"状态，我们拖曳一个矩形部件，矩形部件文本内容为"我是显示与隐藏效果页面内容"，回到"显示与隐藏效果"这个页面，如图 4.35 所示。

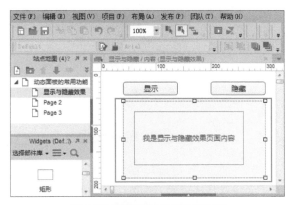

图 4.35 编辑动态面板状态内容

4 选中显示按钮之后，在部件交互和注释区域，选择触发事件，鼠标单击时是一个触发事件，移动也是一个触发事件，给显示按钮添加鼠标单击时触发事件，如图 4.36 所示。

图 4.36　添加鼠标单击时触发事件

提示：什么是触发事件呢？举个例子，假如我们想去三亚，可以坐飞机、火车，甚至可以走着去，一旦决定了某种方式，剩下来的准备都是围绕着这个触发事件来展开的。就像这次采用鼠标单击时触发事件，剩下来所有操作都是围绕鼠标单击时所要达到的效果展开设计的。

5 在弹出的"用例编辑器（鼠标单击时）"对话框中，可以看到有第二步、第三步、第四步，而第一步就是触发事件，对话框每个步骤的区域都划分得很清楚，从新增动作、组织动作到配置动作，就可以完成交互效果的设置，如图 4.37 所示。

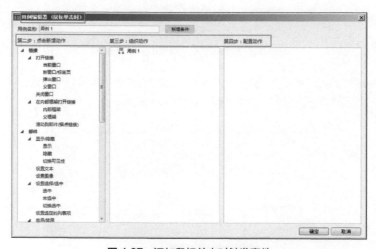

图 4.37　添加鼠标单击时触发事件

6 设置第二步操作，单击部件的显示 / 隐藏动作，在第三步里看到我们新增的动作，第三步为组织动作，也就是它可以管理多个动作。在第二步里可以新增多个动作，当有多个动作时，按从上向下顺序依次执行，单击鼠标右键，在弹出菜单中可以调整动作的顺序及删除动作，如图 4.38 所示。

图 4.38　单击显示与隐藏动作

7 在第四步里可以配置动作。要在单击显示按钮时显示动态面板，就要勾选要显示的面板，"可见性"一栏我们选择"显示"，在"动画"栏可以设置动画效果。在这里可以选择"淡入淡出"，"用时"选择"500毫秒"，如图4.39所示。

8 选中隐藏按钮，同样添加鼠标单击时触发事件，弹出"用例编辑器（鼠标单击时）"对话框，在第二步下面单击"显示／隐藏"操作，在第四步下面勾选"显示与隐藏（动态面板）"，"可见性"一栏选择"隐藏"单选按钮，"动画"效果选择"向右滑动"，"用时"选"500毫秒"，单击确定按钮，如图4.40所示。

9 按F5键发布看一下效果，先单击隐藏按钮将动态面板隐藏起来，可以看到它向右滑动隐藏起来，再单击显示按钮，显示出动态面板的内容，这就实现了动态面板内容的显示与隐藏效果，如图4.41所示。

图 4.39　配置动态面板显示动作

图 4.40　给隐藏按钮添加隐藏效果

动态面板的隐藏与显示效果，会使页面变得有生气，页面内容动起来，能给用户一种真实的体验。虽然制作的原型是同一种，但是让用户体验到和使用真正软件一样的感受，这就是动态面板部件的强大之处。

4.2.2　调整动态面板的大小以适合内容

调整动态面板的大小以适合内容是指动态面板会根据内容的大小而进行自动调整，从而让内容完全地显示出来。

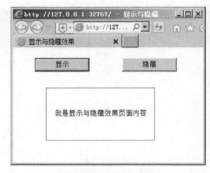

图 4.41　发布原型

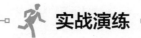　实战演练

---

1 将 page2 页面重新命名为"调整大小以适合内容"，打开这个页面，拖曳一个动态面板部件到工作区域，如图 4.42 所示。

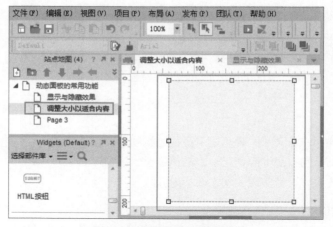

图 4.42　新增页面与动态面板

2 双击动态面板，将动态面板的名称命名为"调整大小以适合内容"，状态的名称为"内容"，如图 4.43 所示。

3 拖曳一个矩形部件，文本内容为"我是动态面板的内容，超出动态面板的显示区域"，调整矩形部件大小，让它超出显示区域，如图 4.44 所示。

4 回到动态面板的页面，动态面板里的内容部分没有显示出来，在动态面板上单击鼠标右键，选择"调整大小以适合内容"，会发现动态面板的大小调整了，完全显示了状态里的内容，如图 4.45、图 4.46 所示。

图 4.43　动态面板和状态命名

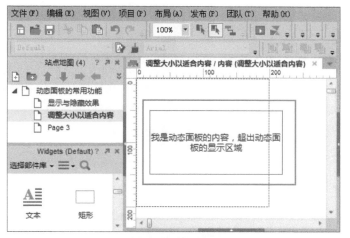

图 4.44　编辑面板状态内容

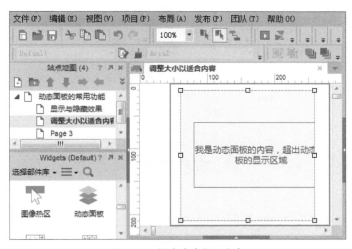

图 4.45　没有完全显示出来

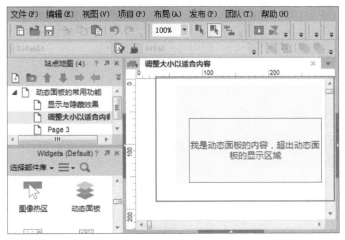

图 4.46　完全显示出来

调整大小以适合内容这个功能不会浪费空间，跟着状态里的内容调整动态面板的大小，也不用担心超出动态面板的显示区域会被隐藏起来的问题。

4.2.3 动态面板的滚动栏设置

动态面板的滚动栏设置是可以让动态面板出现滚动栏，可以显示横向滚动栏或者纵向滚动栏，这样可以让内容完全地展现出来。在安装软件的时候，经常会弹出软件安装许可协议，在安装页面无法完全展示出协议的内容，会发现在右侧或者下面有滚动条，动态面板通过滚动栏设置，同样可以实现这样的效果，如图 4.47 所示。

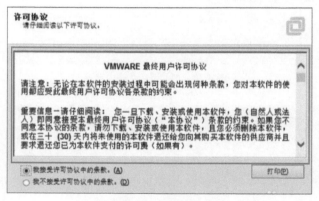

图 4.47　安装协议

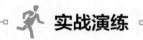

实战演练

1 将 page3 页面命名为"滚动栏设置"，打开这个页面，将动态面板命名为"滚动栏设置"，状态命名为"内容"，如图 4.48 所示。

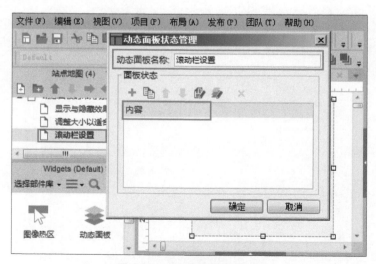

图 4.48　页面和动态面板命名

2 进入"内容"状态里，拖曳一个文本部件到工作区域，调整一下文本部件的大小，如图4.49所示。

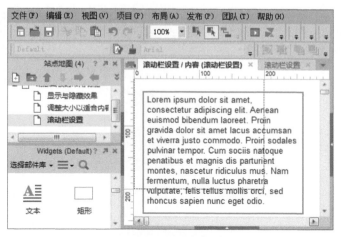

图 4.49　编辑状态内容

3 回到动态面板的页面里，在动态面板上单击鼠标右键，在滚动栏里选择滚动条的显示方式，这里提供了4种显示方式：从不显示横向和纵向滚动条、按需显示横向或者纵向滚动条、按需显示纵向滚动条、按需显示横向滚动条。在这里选择按需显示横向或纵向滚动条，如图4.50所示。

4 发布看一下效果，通过拖动滚动条，就可以完整显示文本内容，如图4.51所示。

图 4.50　按需显示滚动条　　　　　图 4.51　发布原型

4.2.4　动态面板的固定到浏览器

动态面板的固定到浏览器这个功能效果很常见，如在访问某个网站的时候，某个区域一直悬浮在页面上，有的是一个 QQ 头像，可以随时单击聊天，或者某个通知的消息框，或者一个向上／向下的箭头，通过单击箭头可以直接到达页面的顶部或者尾部。

实战演练

1 新增一个页面，页面重新命名为"固定到浏览器"，拖曳一个矩形部件，文本内容命名为"我是顶部信息"，它的 x、y 坐标值设置为（0,0），宽度设置为 700，如图 4.52 所示。

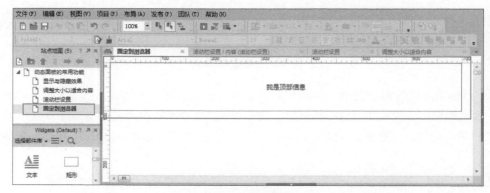

图 4.52　顶部信息

2 再拖曳一个矩形部件，文本内容命名为"我是尾部信息"，它的 x、y 坐标值设置为（0,1000），宽度设置为 700，如图 4.53 所示。

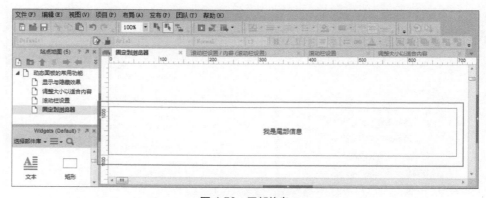

图 4.53　尾部信息

3 拖曳一个动态面板部件，动态面板的名称为"固定到浏览器"，状态名称为"qq"，我们拖曳一个图片部件到状态 qq 中，插入一个企鹅 qq 的图片，如图 4.54 所示。

图 4.54　编辑状态内容

4 回到动态面板的页面，在动态面板上单击鼠标右键，在选项里选择"固定到浏览器"，勾选"固定到浏览器窗口"复选框，可以设置横向和纵向固定的位置，横向选择"右侧矩形"，纵向选择"居中"，也可以设置边距，固定的位置可以根据实际需求来选择，如图 4.55 所示。

5 发布看一下效果，会发现页面随滚动条上下滚动，而企鹅的图标始终固定在右侧，随时可以单击，如图 4.56 所示。

图 4.55　设置固定到浏览器

图 4.56　发布原型

4.2.5　100% 宽度

当页面内容超出动态面板显示的区域，超出的内容将不会被显示出来，但是若设置 100% 宽度，这时超出的内容也会被显示出来。

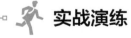

实战演练

1 新增一个页面，命名为"100% 宽度"，拖曳一个动态面板部件，输入面板的名称为"100% 宽度"，状态命名为"内容"，如图 4.57 所示。

2 进入状态的编辑页面，拖曳一个矩形部件，文本内容命名为"我是矩形部件，我的宽度超出动态面板的显示区域"，如图 4.58 所示。

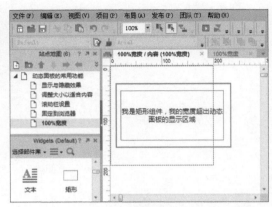

图 4.57 新增页面和动态面板　　　　　　　　　图 4.58 编辑状态内容

3 回到动态面板的页面，会看到超出显示的区域没有显示出来，单击鼠标右键，选择"100%宽度（仅限浏览器中）"选项，设置完之后，没有任何变化，这个效果只能在浏览器中看到效果，如图 4.59 所示。

4 发布看一下效果，矩形部件的内容被完全地显示出来，如图 4.60 所示。

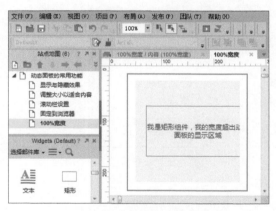

图 4.59 设置 100% 宽度　　　　　　　　　图 4.60 发布原型

4.2.6 从动态面板脱离

从动态面板脱离，是将动态面板的状态内容独立出来，变为普通的部件，同时这个状态会在动态面板里消失。

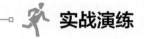
实战演练

1 新增一个页面，重新命名为"从动态面板脱离"。打开这个页面，拖曳一个动态面板部件，输入名称"从动态面板脱离"，新增两个状态，分别命名为"我是状态一"和"我是状态二"，如图4.61所示。

图4.61 新增页面和动态面板

2 进入"我是状态一"这个状态里面，拖曳一个矩形部件，文本内容命名为"我是状态一的内容"，如图4.62所示。

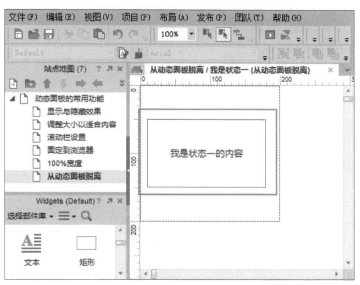

图4.62 编辑状态一内容

3 进入"我是状态二"这个状态里面，拖曳一个矩形部件，文本内容命名为"我是状态二的内容"，如图4.63所示。

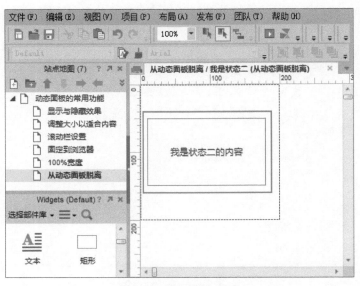

图 4.63　编辑状态二内容

4 回到动态面板页面，单击鼠标右键，选择"从动态面板脱离"选项，状态一就会变为普通的矩形部件，同时动态面板显示状态二的内容，如图 4.64 所示。

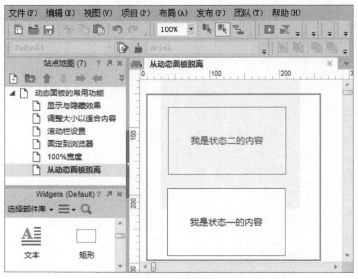

图 4.64　状态一脱离动态面板

4.2.7　转换为母版

动态面板可以转换为母版。可以将母版理解为可重用的部件，如我们的导航菜单，就可以做成母版，其他页面就可以直接引用，而不需要重新去做导航菜单了。母版的使用方法将在第 6 章中详细介绍。

4.2.8 转换为动态面板

动态面板的状态可以脱离动态面板，转换为普通的部件，也可以将普通的部件或者某个页面的内容转换为动态面板，只要选中要转换的部件，单击鼠标右键，选择"转换为动态面板"即可。

4.3 实战——淘宝登录页签的切换效果

淘宝的登录页面，有两种登录方式，如图 4.65、图 4.66 所示，一种是通过输入账户密码登录，另一种是通过扫描二维码快速登录。接下来要制作这两个页签的切换效果，制作一版淘宝登录页签的低保真原型。

微课视频

淘宝登录页签的
切换效果详解

图 4.65　快速登录

图 4.66　账号密码登录

4.3.1 登录页签标题设计

1 拖曳一个动态面板部件，宽度设置为 314，高度设置为 332，输入动态面板名称为"登录方式"，需要两种状态，一种是"快速登录"，另一种是"账户密码登录"，如图 4.67 所示。

2 进入"快速登录"这个状态里，拖曳一个矩形部件，宽度设置为 314，高度设置为 332，矩形边框设置为灰色（CCCCCC），线宽设置为第二个宽度，如图 4.68所示。

图 4.67　新建动态面板

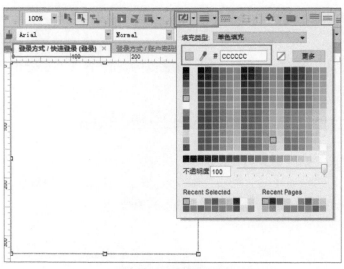

图 4.68　设置背景边框

3 拖曳两个标题 2 部件到工作区域，分别命名为"快速登录"和"账户密码登录"，如图 4.69 所示，字号设置为 18 号字，账户密码登录的字体颜色设置为灰色（999999），以区分当前选中的页签。

4 拖曳一个横线部件，放到矩形边框的最上方，宽度设置为 314，调整一下线宽，如图 4.70 所示。

图 4.69　设置登录标题

图 4.70　设置上边线

5 拖曳一个横线部件，放到"快速登录"标题的下方，调整一下位置和宽度，颜色设置为黑色（333333），再拖曳一个横线部件，放到"账号密码登录"标题的下方，同样需要调整一下位置和宽度，把它的颜色设置为灰色（CCCCCC），做一个区分，如图 4.71 所示。

注意：制作低保真原型的时候，可以使用黑色、灰色、白色这些通用的颜色，不要使用过多的彩色，否则会干扰到视觉设计师或者 UI 设计人员的设计思路，造成一种先入为主的感觉。

6 选中"快速登录"这个页面的所有内容进行复制，粘贴到"用户密码登录"这个状态里，将"账户密码登录"及它的下划线设置为黑色（333333），将"快速登录"的颜色设置为灰色（999999），它的下划线设置为灰色（CCCCCC），如图 4.72 所示。

图 4.71　标题下划线　　　　　图 4.72　账号密码登录标题设计

4.3.2　快速登录页面设计

1 进入"快速登录"这个状态里，拖曳一个图片部件来代替二维码，将它的宽度和高度都设置为 110，如图 4.73 所示。

2 在二维码下面还有两行字，我们拖曳一个标签部件，文本内容命名为"手机扫码安全登录"，字号为 15 号，加粗，字体颜色设置为灰色（999999），如图 4.74 所示。

3 拖曳一个标签部件，文本内容为"使用手机淘宝，阿里钱盾扫描二维码"，颜色设置为灰色（999999），如图 4.75 所示。

图 4.73　设置二维码　　　　图 4.74　手机扫码安全登录　　　　图 4.75　使用手机淘宝

这样就设计完了快速登录页面。在这个页面使用图片部件代替二维码的显示，页面内容相对简单。

4.3.3　账号密码登录页面设计

1 先来设计用户名和密码的输入框。输入框由两部分组成，一部分是图标，代表用户名和密码，另一部分就是输入用户名和密码的输入框。拖曳一个矩形部件，宽度设置为 220，高度设置为 37，边框设置为灰色（CCCCCC），作为用户名的输入边框，如图 4.76 所示。

2 拖曳一个图片部件，作为用户名的图标，宽度设置为 36，高度设置为 35。拖曳一个文本框单行部件，宽度设置为 180，高度设置为 30，如图 4.77 所示。

图 4.76　用户名输入边框　　　　　　　图 4.77　用户名输入框和图标

3 用户名输入框里有提示信息"手机号 / 会员名 / 邮箱",在部件属性和样式区域,我们选择"属性","类型"选择文本类型(Text),"提示文字"里输入"手机号 / 会员名 / 邮箱",给提示文字设置一个样式,设置字体颜色为灰色(999999),并且把边框隐藏起来,如图 4.78 所示。

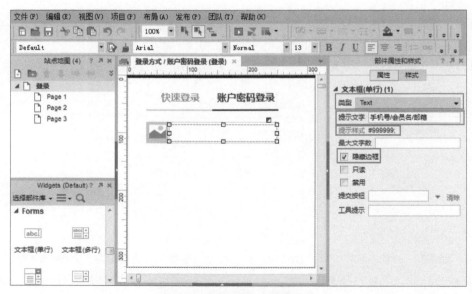

图 4.78　用户名输入框提示信息

注意:用户名输入框里有提示信息,是友好的设计,如果没有给提示信息,用户会很茫然,到底是应该输入用户名呢还是应该输入手机号呢,邮箱可不可以啊。在设计的时候,也要关注到这个细节,让用户茫然的地方,都是设计的败笔。

4 选中用户名输入框的边框、图标及文本输入框,按住 Ctrl 键向下拖曳,复制一份,作为密码的输入框,如图 4.79 所示。

5 去掉密码输入框里的提示信息，文本输入框的边框要去掉，设置一下密码输入框的属性，将它的类型设置为密码类型，这样可以保护密码的安全，如图4.80所示。

6 拖曳两个标签部件，文本内容分别为"忘记登录密码？"和"免费注册"，将它们的标签分别命名为"忘记密码"和"免费注册"，如图4.81所示。

7 接下来是一个登录按钮，拖曳一个HTML部件，宽度设置为220，高度设置为38，文本内容重新命名为"登录"，如图4.82所示。

图 4.79　密码输入框

图 4.80　去掉密码输入框里的提示信息

图 4.81　忘记密码与免费注册

图 4.82　登录按钮

8 拖曳一个图片部件，作为微博的图标，宽度设置为17、高度设置为17，拖曳一个标签部件，文本内容命名为"微博登录"，标签命名为"微博"，如图4.83所示。

9 拖曳一个图片部件，作为支付宝登录的图标，把它的宽度设置为17、高度设置为17，拖曳一个标签部件，文本内容命名为"支付宝登录"，标签命名为"支付宝"，如图4.84所示。

图 4.83　微博登录　　　　　　　图 4.84　支付宝登录

这样就设计完了账号密码登录界面，它包括输入框、登录按钮、忘记密码、免费注册及其他登录方式的设计，页面内容比较多，相对复杂。

4.3.4　页签交互效果设置

回到登录页面，现在看到的是快速登录的页面，那么想看到账户密码登录的页面怎么办？如何实现它们之间的相互切换呢？

1 需要在这两个标题上分别设置触发事件，我们使用图像热区部件。拖曳一个图像热区部件，调整大小，如图 4.85 所示。

2 设置一个鼠标单击时触发事件，在第二步下面单击"设置面板状态"，在第四步下面勾选登录方式的动态面板，选择动态面板的状态为"快速登录"，如图 4.86 所示。

3 再拖曳一个图像热区部件，调整大小，放置在账户密码登录的上方，如图 4.87 所示。

图 4.85　添加快速登录图像热区

4 设置一个鼠标单击时触发事件，在第二步下面单击"设置面板状态"，在第四步下面勾选登录方式的动态面板，选择动态面板的状态为"账户密码登录"，如图 4.88 所示。

图 4.86　快速登录图像热区添加触发事件

图 4.87　账户密码登录图像热区

5 按 F5 键发布看一下效果，单击"快速登录"和"账户密码登录"这两个页签，可以实现两个页面内容的切换效果，如图 4.89 所示。

图4.88　账户密码登录图像热区添加触发事件

图4.89　发布原型

4.4　小结

本章主要学习使用 Axure 的动态面板制作动态的交互效果，应当做到以下几点。

1 学会动态面板的使用，如何创建动态面板、动态面板的命名及创建动态面板的状态和状态的命名。

2 学会动态面板的常用功能，理解它们的含义及它们使用的场景。

3 学会制作淘宝登录页签的切换效果，进一步深化理解动态面板的使用方法。

练习

完成京东商城注册表单页签切换效果，实现个人用户与企业用户两个页签可以相互切换，动态地显示页面内容，如图 4.90 所示。

图 4.90　京东注册表单

第 5 章　用 Axure 变量制作丰富交互效果

Auxre RP 7.0 原型设计工具里提供了全局变量和局部变量。在原型设计过程中，这两种变量非常实用，使用它们可以制作出更加丰富的交互效果，如遇到需要很多条件判断或者页面间进行参数传递的情况，如图 5.1 所示，使用变量即可轻松解决问题，同时还能丰富原型的交互效果。

图 5.1　用变量可实现登录页面和首页的参数传递

本章案例：制作简易计算器，如图 5.2 所示。

图 5.2　简易计算器

5.1　全局变量和局部变量的使用

变量通常用于存储数据、数据的传递及条件判断。如果要在 IE 浏览器里显示原型，推荐使用少于 25 个变量。

◎ **全局变量：**在所有页面里都可以使用，但是全局变量的值也很容易被修改掉，因为所有页面都有权限修改它的变量值，所以在使用的过程中需要注意。

◎ **局部变量：**只供某个局部区域使用，比如在某个触发事件的某个动作使用，其他触发事件就不可以使用。

◎ **变量设置规则：**变量名必须是字母或数字，并以字母开头，少于 25 个字符，且不能包含空格。

单击"项目"菜单的"全局变量"选项，在打开的"全局变量"对话框里可以新增和编辑全局变量。默认有一个全局变量"OnLoadVariable"，我们单击绿色加号，新增一个全局变量总数量"count"，

微课视频

全局变量和局部变量的使用实例详解

变量值可以默认为空，也可以赋值，让 count 等于 0，如图 5.3 所示。

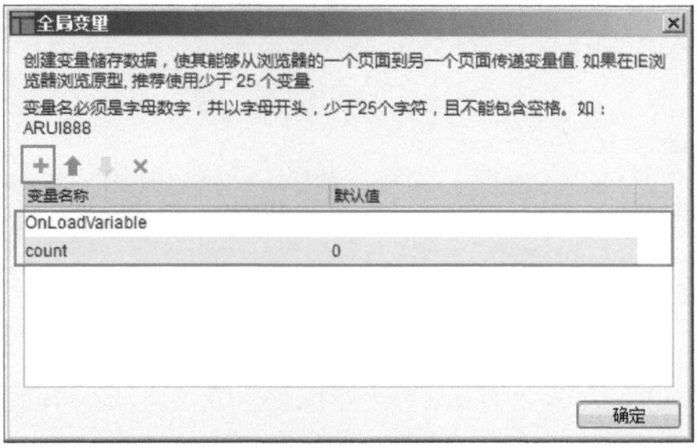

图 5.3　新增全局变量

单击加号右侧的箭头可以调整变量的前后关系，叉号可以删除变量。

局部变量应用在某个交互效果的设计过程中，如在工作区域下方的页面管理区中，选择页面交互选项卡（见 1.3.7 节），双击"页面载入时"触发事件，单击"设置文本"，勾选"焦点部件"复选框，单击"fx"按钮，如图 5.4 所示。

图 5.4　设置文本动作

在弹出的"编辑文字"对话框中，单击"新增局部变量"即可新增一个局部变量，可以对局部变量重新命名和赋值，这个局部变量只在给文本赋值的时候有作用，其他的交互动作是访问不到这个局部变量的，如图 5.5 所示。

拓展课程

Axure 内置
变量的介绍

图 5.5　新增局部变量

局部变量赋值的方式有很多，可以通过部件文字、选中状态值、选中项值、变量值、焦点部件上的文字、部件的方式赋值。

5.2 变量值在页面间传递

变量有一个主要作用，就是变量值在页面间传递。在登录淘宝或者其他网站的时候，输入用户名和密码，校验成功后，会跳转到一个新的页面，在新的页面里经常会看到"欢迎 xxx"这样文字；在搜索框进行搜索的时候，输入搜索条件，当单击搜索跳转到下一个页面的时候，同样会把搜索条件带过去。这些都是真实软件的交互效果，Axure 利用变量，完全可以实现。

下面看看如何利用变量值在页面间传递，实现上述交互效果。

微课视频

变量值在页面间
传递案例详解

5.2.1　登录表单和首页

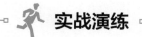

实战演练

1 把 Home 页面重新命名为"登录"，拖曳一个矩形部件，宽度设置为 300，高度设置为 260，填充灰色（CCCCCC），作为登录表单的背景，如图 5.6 所示。

2 拖曳一个标签部件，把它重新命名为"用户名"，字号设置为 16 号；拖曳一个文本框（单行）部件，作为用户名的输入框，标签命名为"name"，如图 5.7 所示。

3 拖曳一个标签部件，重新命名为"密码"，字号设置为 16 号；拖曳一个文本框（单行）部件，作为密码的输入框，标签命名为"password"；拖曳一个 HTML 按钮部件，宽度设置为 200，高度设置为 30，将文本内容重新命名为"登录"，如图 5.8 所示。

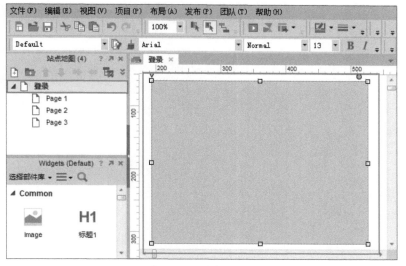

图 5.6　登录表单背景

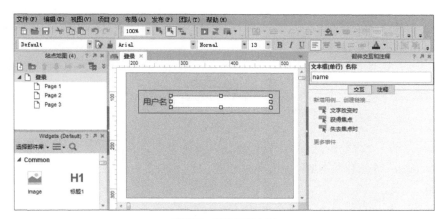

图 5.7　用户名输入框

图 5.8　密码输入框和登录按钮

4 将 Page1 重新命名为"首页"并打开，拖曳一个矩形部件，用来显示登录后传递过来的用户名和密码，标签命名为"content"，如图 5.9 所示。

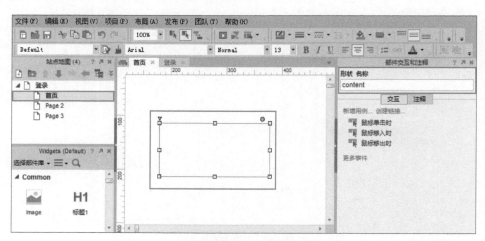

图 5.9　首页

5.2.2　新增变量和赋值

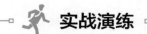

实战演练

1 需要新增两个全局变量，用来保存输入的用户名和密码。单击"项目"菜单，选择"全局变量"，将"OnLoadVariable"全局变量重新命名为"userName"，再新增一个全局变量，重新命名为"pwd"，如图 5.10 所示。

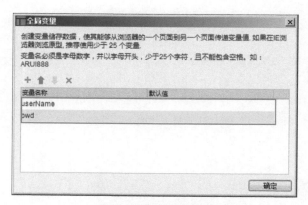

图 5.10　新增全局变量

2 进入登录页面，选中登录按钮，给它添加鼠标单击时触发事件，在第二步下面单击"设置变量值"动作，先给全局变量 userName 赋值，勾选 userName 复选框，单击"fx"按钮，如图 5.11 所示。

图 5.11　设置 userName 变量值

③ 进入"编辑文字"对话框，将用户名输入框里的信息赋值给全局变量 userName，需要新增一个局部变量，直接输入 [[LVARI]]，如图 5.12 所示，选"部件文字"，它指的是把部件上的文字赋值给这个局部变量，在第二个下拉菜单选择用户名输入框"name"，单击"确定"按钮，将这个局部变量插入到内容的编辑区域，给全局变量 userName 赋值。

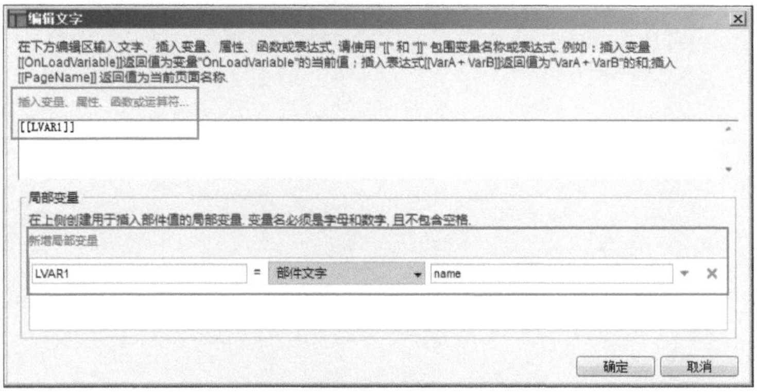

图 5.12　userName 赋值

　　注意：先将用户名输入框里的信息赋值给一个局部变量，然后局部变量把这个值又赋给全局变量，这样输入框里的用户名信息就保存到了全局变量里。

④ 用同样的方式将密码输入框里的信息保存到全局变量里。在第二步下面单击"设置变量值"动作，在第四步下面勾选"pwd"复选框，单击"fx"按钮，也需要新增一个局部变量，通过部件文字的形式赋值，选择"password"这个部件，单击"确定"按钮将局部变量插入内容编辑区域，如图 5.13所示。

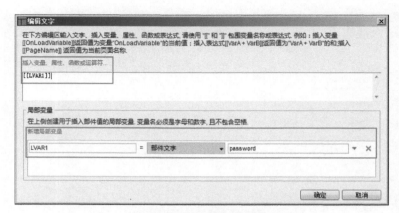

图 5.13　全局变量 pwd 赋值

5 登录成功后需要跳转到下一个页面，在第二步下面单击打开链接，在第四步下面选择打开在"当前窗口"，并选择"首页"，单击"确定"按钮，如图 5.14 所示。

图 5.14　打开首页

5.2.3　首页显示变量值

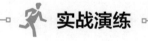

实战演练

1 打开首页，在页面交互选项卡中添加一个页面载入时触发事件，在第二步下面单击设置文本，在第四步下面勾选 content 复选框，单击"fx"按钮，如图 5.15 所示。

2 输入"用户名"：插入全局变量"userName"，输入"密码"：插入全局变量"pwd"，这样就完成了给矩形部件的文本内容赋值，如图 5.16 所示。

图 5.15　设置文本

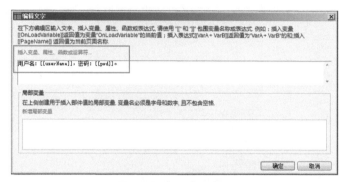

图 5.16　插入全局变量

在以前的章节中，使用的都是部件的触发事件，而这次使用的是页面的触发事件，两者的区别在于载体不同。

5.2.4　发布原型

打开登录页面，按F5键发布原型，输入用户名"kevin"，密码"123456"，单击"登录"，可以看到用户名和密码被带到下一个页面。回到登录页面输入用户名"小刚"，密码"111111"，可以看到首页内容也随之发生了变化，给用户一种真实的体验效果，如图5.17、图5.18所示。

图 5.17　登录页面

图 5.18　首页

5.3 实战——制作简易计算器

下面利用全局变量、局部变量的知识来制作一个简易的计算器，能实现加减乘除运算，进一步熟悉使用变量的方法，如图 5.19 所示。

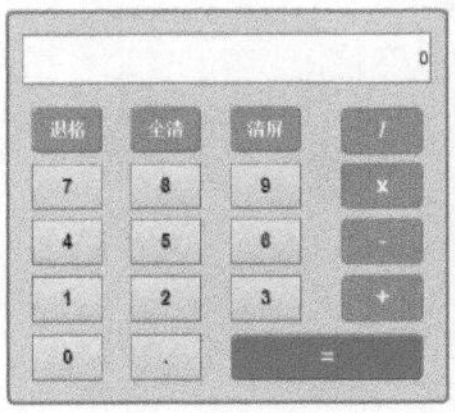

微课视频

制作简易计算器
案例详解

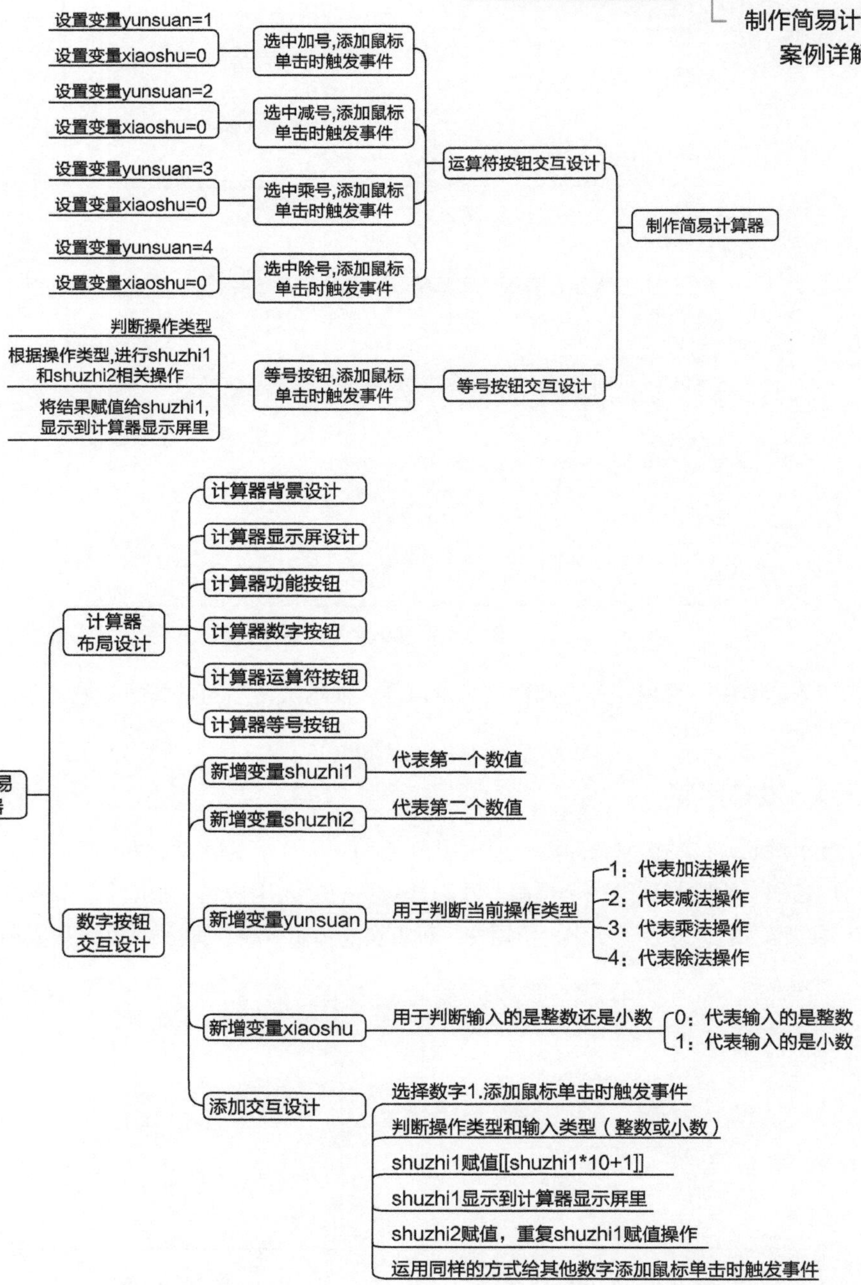

图 5.19　简易计算器与制作流程

先来看一下简易计算器的布局，将具有相同属性的按钮分为一组。在这里可以分为4组：功能按钮、数字按钮、运算符按钮和等号按钮。进行这样的分组，页面层次就会显得很清晰，分组设计、层次分明、颜色对比差异大，可以快速地找到想要的按钮。在做原型设计的时候，也要学会利用这种理念。

下面开始来设计这个简易计算器的原型。

5.3.1　计算器布局设计

1 拖曳一个矩形部件，宽度设置为377、高度设置为346，边框的宽度选择第三个线宽，设置圆角半径为5，填充为灰色（DADADA），作为计算器的背景，如图5.20所示。

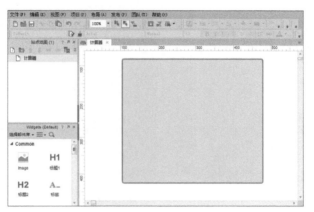

图 5.20　计算器背景

2 拖曳一个文本框（单行）部件，宽度设置为348，高度设置为44，文本框里默认显示的是0，在属性里面，添加提示文字"0"，设置为居右对齐，并勾选"只读"状态，如图5.21所示，输入框内容，只能通过按键进行输入，标签命名为"show"。

图 5.21　计算器显示框

3 拖曳一个矩形部件，宽度设置为60，高度设置为40，圆角半径为5，填充背景色（DF8045），文本内容命名为"退格"，文本的字号设置为16号，加粗，白色字体，按住 Ctrl 键，拖曳出两个同样的矩形部件，分别命名为"全清"和"清屏"，如图5.22所示。

4 拖曳一个按钮部件，宽度设置为 60，高度设置为 40，调整一下位置，文本内容为"7"，字号为 16 号，加粗，复制 10 个同样的部件，制作其他数字按钮，如图 5.23 所示。

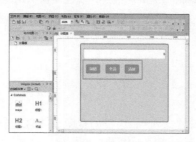

图 5.22　功能按钮

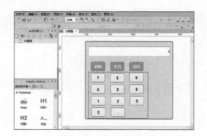

图 5.23　数字按钮

5 拖曳一个矩形部件，宽度设置为 70，高度设为 40，圆角半径为 5，填充背景色（999999），修改文本内容，利用斜杠代表除法，设置为 20 号字，加粗、白色字体，按住 Ctrl 键向下拖曳，复制 3 个同样的按钮，分别修改文本内容，如图 5.24 所示。

6 拖曳一个矩形部件，高度设置为 40，圆角半径设置为 5，填充背景色（009900），文本内容修改为等号，设置为 20 号字、加粗、白色字体，如图 5.25 所示。

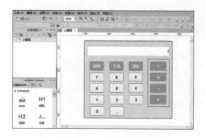

图 5.24　运算按钮

图 5.25　等号

5.3.2　数字按钮交互设计

1 计算器都是两个数相加或者相减，需要把这两个数分别设置为变量，设置为 shuzhi1、shuzhi2，默认值设置为 0；还需要设置一个变量来代表运算符号，命名为 yunsuan，默认值为 0，代表没有输入任何运算符号；计算器可以输入整数或者小数，需要一个变量来说明它正在输入的是小数还是整数，将其命名为 xiaoshu；设置 temp 变量和 changdu 变量，它们一个用来存放临时值，一个用来代表输入的长度，如图 5.26 所示。

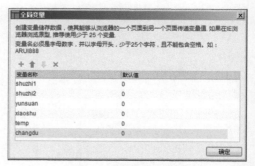

图 5.26　新增全局变量

yunsuan 的值为 1 的时候，代表加法运算；为 2 的时候，代表减法运算；为 3 的时候，代表乘法运算；为 4 的时候，代表除法运算。

当 xiaoshu 的值等于 0 的时候，代表正在输入的是整数，等于 1 的时候代表输入的是小数。

2 选中数字 1 按钮，给它增加鼠标单击时触发事件。需要新增条件，用来判断当前是给

shuzhi1 还是给 shuzhi2 赋值，还需要判断输入的是整数，还是小数。单击"新增条件"按钮，给运算设置条件，当变量 yunsuan 的值等于 0，代表输入的是 shuzhi1 的值，当 xiaoshu 的值等于 0，代表的是两个整数操作，单击"确定"按钮，如图 5.27 所示。

3 现在需要给 shuzhi1 变量进行赋值。单击"设置变量值"，勾选 shuzhi1 复选框，单击"fx"按钮，第一次单击 1 后，输入框里显示的是 1，再次单击 1 后，输入框里变为 11，它是以 10 的倍数在增长，所以插入表达式 [[shuzhi1*10+1]]，单击"确定"按钮，如图 5.28 所示。

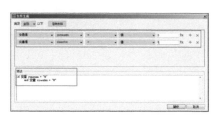

图 5.27　新增条件　　　　　　　　图 5.28　shuzhi1 赋值

4 接着将 shuzhi1 的内容显示到输入框里，单击设置文本，勾选 show 复选框，单击"fx"按钮，将 shuzhi1 变量的值赋给它，如图 5.29 所示。

图 5.29　输入框赋值

5 给 shuzhi2 变量进行赋值。新增一个用例，新增一个条件，当变量 yunsuan 的值不等于 0，代表给 shuzhi2 变量进行赋值，当变量 xiaoshu 的值等于 0 时，则进行整数操作，单击"确定"按钮，如图 5.30 所示。

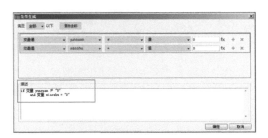

图 5.30　新增条件

6 单击"设置变量值"，勾选 shuzhi2 复选框，单击"fx"按钮，插入表达式 [[shuzhi2*10+1]]，单击"确定"按钮返回。接着将 shuzhi2 的内容显示到输入框里，单击"设置文本"，勾选 show 复选框，单击"fx"按钮，将 shuzhi2 变量的值赋给它，如图 5.31 所示，单击"确定"按钮。

图 5.31　输入框赋值

5.3.3　运算符按钮交互设计

1 选中加号，给它添加鼠标单击时触发事件。选择"设置变量值"，将 yunsuan 变量值设置为 1，代表相加操作，将 xiaoshu 变量值设置为 0，代表输入整数操作，如图 5.32 所示。

2 复制用例。将这个用例复制给其他 3 个运算符，减法 yunsuan 的值等于 2，乘法 yunsuan 的值等于 3，除法 yunsuan 的值等于 4，如图 5.33 所示。

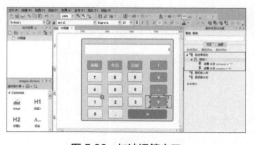

图 5.32　加法运算交互

图 5.33　其他运算交互

复制用例很方便，可极大地减少工作量。

5.3.4　等号按钮交互设计

1 选中数字 1 按钮，复制它的用例给数字 2 按钮，在它的基础上，将表达式中的"+1"改为"+2"，如图 5.34 所示。.

2 给等号添加鼠标单击时触发事件。等号需要判断当前是相加操作还是其他操作，单击新增条件，如果 yunsuan 的值等于 1 说明是相加操作，将 shuzhi1 和 shuzhi2 两个变量的值进行相加的结果赋值给 shuzhi1，并显示在输入框里，同时还要对 shuzhi2 进行清零操作，将其赋值为 0，将 xiaoshu 变量赋值为 0，代表再次输入的时候，将先输入整数，如图 5.35 所示。

图 5.34　数字 2 按钮交互

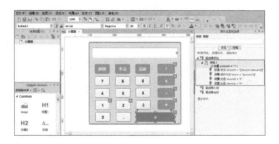

图 5.35　相加操作

注意：为什么要将相加结果赋值给shuzhi1，因为这样还可以输入数值，和以前的结果相加。

3 复制相加操作用例，再复制 3 个用例，让它们分别代表加减乘除 4 个操作，如图 5.36 所示。

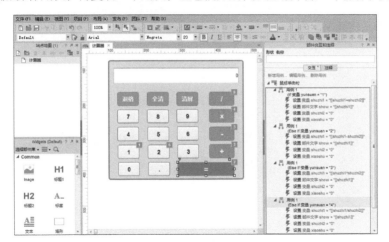

图 5.36　其他运算操作

4 按 F5 键发布原型，单击数字按键 1 和 2、运算符和等号可以实现运算器整数的加减乘除操作，如图 5.37 所示。

图 5.37　发布原型

5.4 小结

本章主要学习 Axure 变量的使用，包括局部变量和全局变量的使用，应当做到以下几点。

1 理解 Axure 的全局变量和局部变量的含义及使用方法。

2 学会使用 Axure 变量值在页面间传递，实现高级交互效果。

3 学会使用 Axure 变量来制作简易计算器，深入地使用 Axure 变量。

练习

简易计算器只能完成整数的加减乘除操作，并且数字按钮只能使用 1 或者 2，请完成以下内容。

（1）按照数字 1 的方式给其他数字按钮添加鼠标单击时触发事件。

（2）给点号按钮添加鼠标单击时触发事件，使计算器既能实现整数的加减乘除操作，也能实现小数的加减乘除操作。

第 6 章　用 Axure 母版减少重复工作

在原型设计过程中，往往会涉及很多重复的页面内容，包括页面的首部、版权信息、导航菜单等，如图 6.1 所示，如果不使用母版，这些页面内容需要重复制作，工作量很大，若使用母版，在母版里面只需要设计一次页面内容，这样其他页面可以直接使用这个母版，在母版里修改，还可以实现所有引用母版的页面同时更新，也不需要再到每个页面里修改内容。

图 6.1　用母版设计页面重复出现的内容

本章案例：百度门户导航菜单母版设计，效果如图 6.2 所示。

页面重复部分

图 6.2　百度门户母版设计

6.1　母版功能介绍

Axure 的母版解决重复制作原型某个类似功能的问题，制作一次母版，其他页面进行复用。在 Axure 原型设计工具的左下角区域是 Axure 的母版区域，如图 6.3 所示。

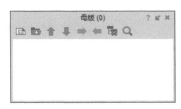

图6.3　Axure母版区域

微课视频

母版功能详解

95

6.1.1　母版的使用

Axure 母版区域有一排是母版的功能条，可以新增母版、新增文件夹、调整母版之间的顺序及层级关系、删除母版和检索母版等，和站点地图功能条的使用方法一样。

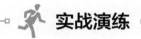 实战演练

1 单击"新增母版"按钮可以新增一个母版，输入母版的名称"导航菜单"，如图 6.4 所示。

2 单击"新增文件夹"按钮可以新增文件夹，命名为"页面母版"，对母版进行归类，可以存放导航菜单的母版、页首的母版、页尾的母版，使用绿色横向箭头调整页面层级关系，如图 6.5 所示。

图 6.4　导航菜单母版

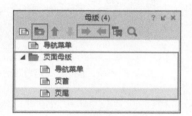

图 6.5　母版文件夹

3 通过蓝色纵向箭头调整母版之间的上下顺序，也可以删除母版或进行检索操作，如图 6.6 所示。删除母版有子母版的时候，会弹出提示信息。

4 母版功能条的操作，都可以在母版上单击鼠标右键弹出的菜单选项里完成，如图 6.7 所示。

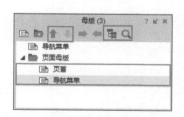

图 6.6　调整母版顺序和删除、检索母版

图 6.7　母版右键菜单选项

除了母版功能条的基本操作外，还可以通过新增页面的方式将制作好的母版引用到页面里，也可以通过从页面删除的方式将引用到页面的母版删除。

6.1.2　制作母版的两种方式

上一节我们学会了母版功能条的使用，那怎么制作母版呢？一种是通过部件制作再转换为母版，

另一种是通过母版区域新建母版。下面演练一下制作母版的两种方式。

1. 通过母版区域新建母版

实战演练

1 在母版区域里新建一个"导航菜单"母版，进入到这个母版里，拖曳 5 个矩形部件，宽度设置为 100，高度设置为 40，制作首页、公司介绍、新闻中心、招贤纳士、联系我们这 5 个菜单，如图 6.8 所示。

图 6.8　新建导航菜单母版

2 在站点地图上新建 5 个页面，分别命名为"首页""公司介绍""新闻中心""招贤纳士"和"联系我们"，用来显示这 5 个菜单的内容，如图 6.9 所示。

图 6.9　新建 5 个页面

3 将制作完的母版，引用到 5 个页面里，需要在母版区域右键单击"导航菜单"母版，选择"新增页面"选项，将母版引用到想引用的页面里，如图 6.10 所示。

图 6.10　母版引用到页面里

4 进入"首页"页面里，可以看到将母版的"导航菜单"引用到了首页里，其他页面也一样，如图 6.11 所示。

图 6.11　首页内容

5 假如不想把母版引用到页面里，在"导航菜单"母版上单击鼠标右键，选择从"页面删除"选项即可，也可以直接在首页里将该母版引用删除，如图 6.12 所示。

图 6.12　删除首页母版

通过母版区域新建母版，然后引用到页面里的方式适于明确知道有哪些内容要共用、复用的情况，比如导航菜单、版权信息等。

2. 通过部件转换为母版

在原型设计过程中，需要重复设计某个区域内容，这时可以把这个内容抽取出来，制作成母版，避免重复制作。

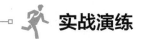

1 在站点地图上建立一个页面"首页"，进入到"首页"里，同样制作5个菜单，如图6.13所示。

图 6.13　新建首页页面

2 同时选中这5个菜单，单击鼠标右键选择"转换为母版"，新母版命名为"导航菜单"即可，如图6.14所示。

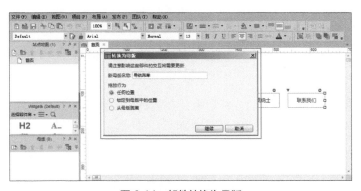

图 6.14　部件转换为母版

3 部件转换完母版后，就可以在母版区域里看到转换后的母版"导航菜单"，如图6.15所示。

这种方式适于事先并不能确定哪些内容可以设计成母版的情况。

图 6.15　转换后的母版

6.2 母版3种拖放行为的使用

母版有 3 种拖放行为：任何位置、锁定到母版中的位置、从母版脱离。下面来看看母版这 3 种拖放行为及它们的含义。

微课视频

母版 3 种拖放行为
的使用详解

6.2.1 拖放行为为任何位置

任何位置：母版在引用的页面可以被移动，放置在页面中的任何位置，对母版所做的修改，所有引用母版的页面都会同时更新。

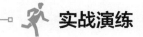

实战演练

1 在母版区域新增一个母版，命名为"版权信息"，进入到这个母版里，拖曳一个矩形部件，宽度设置为 800，高度设置为 100，文本内容为"这是版权信息"，如图 6.16 所示。

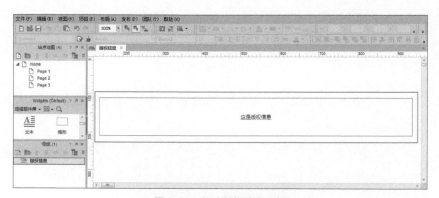

图 6.16　新建版权信息母版

2 在站点地图上新建 5 个页面，分别命名为"首页""公司介绍""新闻中心""招贤纳士"和"联系我们"，用来显示这 5 个菜单的内容，如图 6.17 所示。

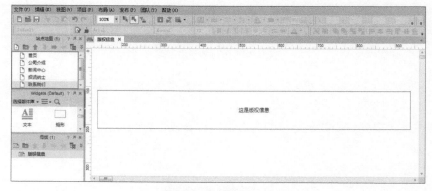

图 6.17　新建 5 个页面

3 将制作完的母版，引用到"公司介绍""新闻中心"两个页面里，需要在版权信息母版上，单击鼠标右键，选择新增"页面"选项，将母版引用到想引用的页面，如图 6.18 所示。

图 6.18　母版引用到页面里

4 进入"公司介绍"页面，可以看到"版权信息"的母版引用到了"公司介绍"里，移动引用的版权信息内容，发现无法移动，在母版上单击鼠标右键，将"锁定到母版中的位置"取消勾选，就可以随意移动母版内容了，这就是任何位置的拖放行为，如图 6.19 所示。

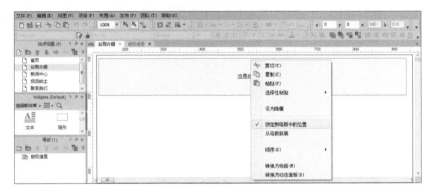

图 6.19　设置为任何位置的拖放行为

5 在"版权信息"母版里修改版权信息，再新增"2015 年"这几个字，回到"公司介绍""新闻中心"页面里，可以看到引用母版的页面内容也会发生修改，这样当有变更的时候，就不需要到页面里逐个进行修改，只需要在母版里进行修改，引用母版的页面可以自动更新，如图 6.20 所示。

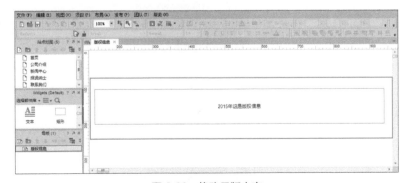

图 6.20　修改母版内容

6.2.2　拖放行为为锁定到母版中的位置

锁定到母版中的位置：母版在引用的页面会处于最底层并被锁定，对母版所做的修改会在所有引用母版的页面同时更新，页面引用母版中的控件位置与母版中的位置相同，这种拖放行为常用于布局和底板。

很多网站需要换不同的背景色或者背景图片，使用母版可以进行背景色或者背景图片的切换，这样所有的页面背景都会一起更改。

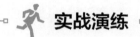

实战演练

1 新增一个母版，命名为"背景图"，打开这个母版，拖曳一个矩形部件，宽度设置为 800，高度设置为 1000，位置（0,0），填充一个背景颜色灰色（E4E4E4），如图 6.21 所示。

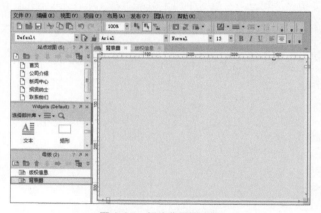

图 6.21　新建背景图母版

2 将"背景图"母版引用到"招贤纳士"页面，打开"招贤纳士"页面，可以看到母版已经被成功引用，如图 6.22 所示。

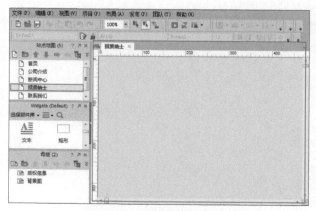

图 6.22　母版引用到页面里

3 在"招贤纳士"页面里可以看到我们无法移动引用的母版内容。如果背景图想换成其他的颜色，比如绿色，只需要在"背景图"母版里，填充为绿色（00CC00），页面的背景图也会随之变为绿色，如图 6.23 所示。

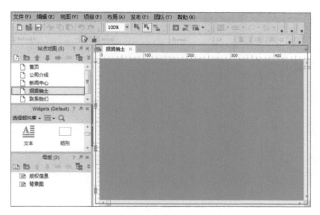

图 6.23　修改背景色

6.2.3　拖放行为为从母版脱离

从母版脱离：这种拖放行为会使页面引用的母版与原母版失去联系，页面引用的母版部件可以像一般部件进行编辑，常用于创建具有自定义部件的组合。

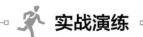 **实战演练**

1 在母版区域里新建一个"导航菜单"母版，进入这个母版里，同样制作 5 个菜单，如图 6.24 所示。

图 6.24　导航菜单母版

2 将制作完的"导航菜单"母版，引用到"联系我们"页面里，如图 6.25 所示。

图 6.25　母版引用到页面里

3 进入"联系我们"页面里，可以看到引用的导航菜单内容，默认引用的母版内容是锁定的，不能移动。如果想修改引用的母版内容，需要将其变为一般部件，在母版内容上单击鼠标右键，勾选"从母版脱离"，如图 6.26 所示。

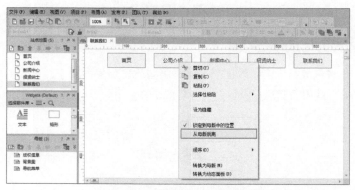

图 6.26　设置从母版脱离拖放行为

4 导航菜单从母版脱离后，变为普通部件，可以随意地移动和放置，就算"导航菜单"母版内容修改，"联系我们"页面内容也不会随之变化。进入"导航菜单"母版，复制一个导航菜单，文本内容为"留言本"，回到"联系我们"页面可以看到，内容并没有更新，如图 6.27 所示。

拓展课程

Axure 母版导航
设计原理案例详解

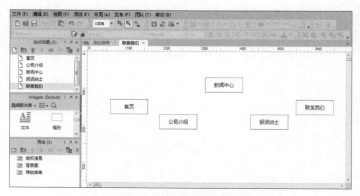

图 6.27　页面内容没有更新

从母版脱离拖放行为常用于需要自行定义的部件或页面，可以先引用母版，再脱离母版，最后自定义部件。

母版的 3 种拖放行为可以根据具体情况来选择。

6.3 实战——百度门户导航菜单母版设计

在前面的章节中，讲述了母版功能的使用、制作母版的两种方式及母版的 3 种拖放行为。Axure 的母版是一个经常被用到的功能，它可以减少设计原型的工作量，提高工作效率。下面通过设计百度门户导航菜单母版，来看看母版在实际项目中是如何使用的，如图 6.28 所示。

图 6.28　百度门户

在站点地图的实例里，我们规划过百度门户的栏目结构，它有 7 个一级导航菜单（参见 2.3 节）。

首页下面没有二级菜单，百度介绍下面有 3 个二级菜单：百度简介、百度文化、百度之路，这个二级菜单需要使用一个垂直菜单部件，并需要添加交互样式，当鼠标悬浮在上面的时候，变为选中状态，如图 6.29 所示。

百度简介
百度文化
百度之路

图6.29　百度介绍二级菜单

因为首页和其他一级菜单的选中背景大小是不一样的，如图 6.30 所示，所以需要设计两个菜单选中背景，但是一般网站都会设计成一样大小的。

图6.30　菜单选中背景

6.3.1　导航菜单母版布局设计

1 在母版区域新建一个母版，命名为"导航菜单母版"。打开"导航菜单母版"，拖曳7个标签部件到工作区域，文本内容分别为"首页""百度介绍""新闻中心""产品中心""商业中心""招贤纳士"和"联

系我们"。字体颜色为蓝色（0866AD），字号为16，加粗（注意：首页坐标位置（191,110），联系我们坐标的位置（787,110）），如图6.31所示。

图6.31　导航菜单内容

2 拖曳一个垂直线部件，高度设置为15，颜色设置成灰色（CCCCCC），再复制5个作为菜单之间的间隔线，同时选中导航菜单和间隔线，让它们横向均匀分布，如图6.32所示。

图6.32　菜单横向均匀分布

　　　注意：横向均匀分布命令，只要确定菜单的首和尾的位置，其他的部件就会横向平均距离分布。Axure里不光有横向分布按钮，也有纵向分布，顶部对齐、上下居中、底部对齐按钮。

3 需要制作两个选中菜单背景。拖曳两个自定义形状部件，一个部件宽度为49，高度为25，另一个部件宽度为90，高度为25，边框都设置为无，填充颜色为蓝色（0066FF），不透明度设置为20，如图6.33所示。

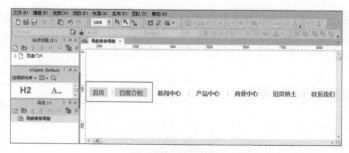

图6.33　菜单背景

4 设计"百度介绍"的二级菜单。拖曳一个垂直菜单部件，菜单选项设置为"百度简介""百度文化"和"百度之路"，标签命名为"百度介绍二级菜单"，如图6.34所示。

图6.34　百度介绍二级菜单

5 设计"产品中心"的二级菜单。拖曳一个垂直菜单部件，菜单选项设置为"产品概览""产品大全""用户帮助"和"投诉中心"，标签命名为"产品中心二级菜单"，如图6.35所示。

图6.35　产品中心二级菜单

6 设计"商业中心"的二级菜单。拖曳一个垂直菜单部件，菜单选项设置为"商业概览""百度推广""营销中心""互动营销"和"联盟合作"，标签命名为"商业中心二级菜单"，如图6.36所示。

图6.36　商业中心二级菜单

7 设计"招贤纳士"的二级菜单。拖曳一个垂直菜单部件，菜单选项设置为"人才理念""社会招聘""校园招聘"和"百度校园"，标签命名为"招贤纳士二级菜单"，如图 6.37 所示。

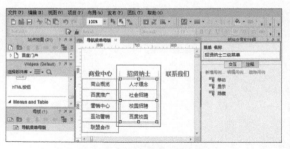

图 6.37　招贤纳士二级菜单

8 设计"联系我们"的二级菜单。拖曳一个垂直菜单部件，菜单选项设置为"联系方式"和"参观百度"，标签命名为"联系我们二级菜单"，如图 6.38 所示。

图 6.38　联系我们二级菜单

6.3.2　网站 LOGO 和版权信息母版布局设计

每个页面都会用到百度门户网站的 LOGO、站内搜索框及页尾信息，可以将它们设计成母版。

1 制作网站 LOGO 的母版，拖曳一个图片部件，用 LOGO 图片替换图片部件，坐标位置（203,44），如图 6.39 所示。

微课视频

网站 LOGO、版权信息母版设计及页面布局详解

图 6.39　网站 LOGO

2 制作站内搜索框的母版。拖曳一个矩形部件到工作区域，坐标位置（915,105），宽度为 144，高度为 20；拖曳一个图片部件到工作区域，用放大镜图片替换图片部件；拖曳一个文本框（单行）部件到工作区域，坐标位置（1001,106），宽度为 118，高度为 18。标签命名为"搜索框"，拖

曳一个HTML按钮部件，文本内容为"百度一下"，如图6.40所示。

图6.40　站内搜索框

接下来需要设计页尾信息母版。因为一个母版只能设置一种拖放行为，像导航菜单母版，它应设置为锁定到母版中位置的拖放行为，而页尾信息母版，它应设置为任何位置的拖放行为，因为页面的内容不确定，所以页尾信息高度也是不确定的，它可以放置在任何位置。

3 在母版区域新建一个"页尾信息母版"并打开。拖曳一个图片部件到尾部信息母版工作区域，用网站尾部信息图片替换图片部件，尾部信息坐标位置（0,1000），如图6.41所示。

图6.41　页尾信息母版

4 将"导航菜单母版"引用到页面上。在"导航菜单母版"上单击鼠标右键，选择"新增页面"选项，在弹出的对话框中单击"全选"按钮将所有页面选中，再单击"确定"按钮即可，如图6.42所示。

图6.42　导航菜单母版引用到页面

5 将"页尾信息母版"也引用到页面上。在"页尾信息母版"上单击鼠标右键,选择"新增页面"选项,在弹出的对话框中单击"全选"按钮选中所有页面,再单击"确定"按钮即可,如图 6.43 所示。

图 6.43 页尾信息母版引用到页面

6.3.3 导航菜单母版交互设计

1 首先给"百度介绍"的二级菜单添加选中效果。当鼠标悬浮在某个菜单上面的时候,这个菜单项就会变为选中状态。先选中一个菜单项,右键单击打开"设置交互样式"对话框,勾选"填充颜色",设置填充为灰色(CCCCCC),选择应用到"该菜单及所有子菜单",如图 6.44 所示。

图 6.44 百度介绍二级菜单交互

微课视频

导航菜单母版
交互设计详解

2 用同样的方式,给其他二级菜单添加同样的效果,按 F5 键发布,可以看到鼠标悬浮到二级菜单上面就会变为选中状态,如图 6.45 所示。

图 6.45 发布原型

3 单击一级菜单，比如首页，会进入"首页"页面。添加鼠标单击时触发事件，在当前窗口打开相应的页面，如图 6.46 所示。

图 6.46　打开页面

4 当鼠标移到一级菜单的时候，当前菜单的二级菜单将会向下滑动显示出来，而其余的二级菜单将会隐藏起来。先把所有的二级菜单、首页选中背景、菜单选中背景隐藏起来，选中百度介绍的一级菜单，添加鼠标移入时触发事件，向下滑动显示相应的二级菜单，向上滑动隐藏其他的二级菜单。没有二级菜单的一级菜单也要添加这个触发事件，向上滑动隐藏所有的二级菜单，如图 6.47 所示。

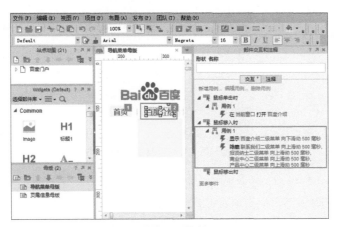

图 6.47　显示隐藏二级菜单

6.3.4　导航菜单选中背景交互设计

单击一级导航菜单的时候，该菜单会出现选中背景，呈现为选中状态，下面给导航菜单添加选中背景交互设计。

1 进入"首页"页面，给它添加页面载入时触发事件，当页面载入的时候，显示首页选中背景，如图 6.48 所示。

微课视频

导航菜单选中背景交互设计详解

111

图 6.48 首页导航菜单选中背景

2 进入"百度介绍"页面,给它添加页面载入时触发事件,当页面载入的时候,显示菜单选中背景,如图 6.49 所示。

图 6.49 百度介绍导航菜单选中背景

3 进入"新闻中心"页面,给它添加页面载入时触发事件,当页面载入的时候,显示菜单选中背景,并且移动菜单选中背景到绝对位置(355,106),如图 6.50 所示。

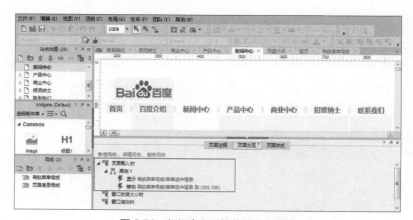

图 6.50 新闻中心导航菜单选中背景

4 进入"产品中心""商业中心""招贤纳士"和"联系我们"4个页面，也同样添加页面载入时触发事件，当页面载入的时候，显示菜单选中背景，分别移动菜单选中背景到绝对位置(460,106)、(565,106)、(669,106)、(774,106)。按F5键发布，就可以看到单击一级导航菜单，进入该页面，该菜单就会变为选中状态，如图6.51所示。

图6.51　发布原型

当鼠标移到某个菜单的时候，就会相应地向下滑动显示二级菜单，当鼠标悬浮在二级菜单选项上面的时候，就变为选中状态。移到别的菜单上时，其他的二级菜单就会向上滑动隐藏起来。

当页面载入的时候，就会将当前页面的菜单选中，显示出背景菜单。单击菜单后就会跳转到相应的页面。

6.4　小结

本章主要学习Axure母版的使用，应当做到以下几点。

1 学会Axure母版功能条的使用及母版的基本操作，如新增母版、删除母版、将母版引用到页面、从页面上删除母版等。

2 学会制作母版的两种方式：一种是通过母版区域新建母版，另一种是通过部件转换为母版。

3 学会母版的3种拖放行为：任何位置、锁定到母版中的位置、从母版脱离。根据不同的情况使用不同的拖放行为。

练习

百度门户页面还缺少内容，在百度门户图片文件夹里已提供内容图片，完成页面的内容布局设计。

第二篇
Axure高级交互效果

第7章　用Axure链接行为制作交互效果

Axure之所以受到交互设计师、产品经理等的青睐，是因为使用它可以制作出各种高级交互效果，最大程度上还原了真实软件的操作。其中就可以使用Axure链接行为制作各种交互效果，如打开链接和关闭窗口行为、在内部框架中打开链接行为、滚动到部件行为等，如图7.1、图7.2所示。

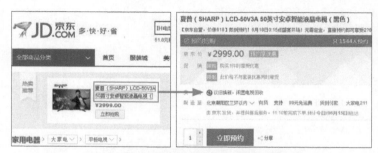

图7.1　用链接行为可实现打开连接等交互效果

图7.2　链接行为

7.1 打开链接和关闭窗口

7.1.1 当前窗口打开链接

微课视频

打开链接和
关闭窗口行为详解

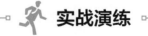 **实战演练**

1 将Home页面重新命名为"当前窗口",拖曳一个HTML按钮部件,命名为"当前窗口打开链接";拖曳一个矩形部件,作为本页面的内容,文本内容重新命名为"当前页面内容",如图7.3所示。

图7.3 当前窗口

2 将Page1页面重新命名为"结果页面",拖曳一个矩形部件,作为结果页面的内容,文本内容命名为"我是结果页面",如图7.4所示。

图7.4 结果页面

3 回到"当前窗口"页面，给按钮部件添加鼠标单击时触发事件，在第二步下面单击"当前窗口"动作；在第四步下面可以看到有4个单选按钮，第一个单选按钮可以链接到当前设计的一个页面，单击选中"结果页面"就可以，在第三步"组织动作"中可以看到用例，如图7.5所示。

图7.5 当前窗口打开结果页面

4 第四步第二个单选按钮，可以链接到外部URL。假如想打开京东商城的页面，即可在这里输入京东商城的网址http://www.jd.com，也可以输入本地文件的路径，打开本地文件，如图7.6所示。

图7.6 打开外部文件

注意：以预览的方式发布的原型，看不到链接的内容，只有通过生成本地文件方式来发布原型，才能链接到想要链接的内容。

5 第四步第三个单选按钮就很好理解了，重新加载当前页面，也就是刷新当前页面，第四个单选按钮就是返回到前一个页面，如图7.7所示。

图7.7　刷新或者返回页面

6 单击"确定"按钮，按F5键发布，看到浏览器的标题是当前窗口，页面内容有一个打开结果页面的按钮和一个矩形部件。单击这个按钮，可以看到在当前窗口打开页面，浏览器的标题和浏览器的内容都发生了变化，这就是在当前窗口打开链接，如图7.8所示。

图7.8　发布原型

7.1.2　新窗口打开链接

🏃 **实战演练**

---

1 进入"当前窗口"页面，拖曳一个HTML按钮部件，将它命名为"在新窗口打开链接"，如图7.9所示。

2 给这个按钮部件添加鼠标单击时触发事件，在第二步下面单击"新窗口/标签页"，在第四步下面，会发现只有两个单选按钮，一个是"链接到当前设计的一个页面"，另一个是"链接到外部的URL或者本地文件"。选择第一个单选按钮，打开"结果页面"，如图7.10所示。

图7.9 "在新窗口打开链接"按钮

图7.10 新窗口打开链接交互

3 按F5键发布，可以看到新打开一个窗口来显示结果页面内容，如图7.11所示。

7.1.3 弹出窗口打开链接

在弹出窗口也可以打开链接，来看看它是如何使用的。

图7.11 新窗口打开页面

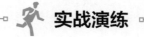 **实战演练**

1 回到"当前窗口"页面，拖曳一个按钮部件，将它命名为"弹出窗口打开链接"，如图7.12所示。

2 给按钮添加鼠标单击时触发事件，在第二步下面，单击"弹出窗口"动作，在第四步下面，可以看到除了有两个单选项，还多出了"弹出属性"，可以对弹出窗口进行设置。可以设置为工具栏、滚动栏等，也可以设置弹出窗口的位置和大小，如图7.13所示。

图7.12 "弹出窗口打开链接"按钮

图7.13 弹出窗口交互

3 在弹出属性里，默认勾选显示在"屏幕中央"。发布看一下效果，单击"弹出窗口打开链接"按钮，弹出一个新的窗口来显示结果页面，可以看到不能调整弹出窗口的大小，固定在屏幕中央显示，这些都是在弹出属性里的设置所产生的效果，如图7.14所示。

图7.14 发布原型

可以根据自己的需要，在"弹出属性"里加以设置，获得到不同的弹出窗口效果。

7.1.4　父窗口打开链接

除了在当前窗口、新窗口、弹出窗口打开链接外，还可以在父窗口打开要显示的页面。

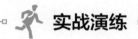实战演练

1 把Page2页面重新命名为"父窗口显示页面"，拖曳一个矩形部件，文本内容命名为"父窗口显示这个页面"，如图7.15所示。

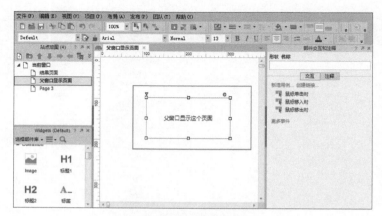

图7.15　父窗口显示页面

2 进入"结果页面"，拖曳一个HTML按钮部件，文本内容命名为"父窗口打开链接"，如图7.16所示。

图7.16　"父窗口打开链接"按钮

3 给这个按钮添加鼠标单击时触发事件，在第二步下面单击"父窗口"，在第四步下面单击"父窗口显示页面"，如图7.17所示。

图7.17 父窗口交互

4 按F5键发布看一下效果。先单击"新窗口打开链接",当单击"父窗口打开链接",它的页面内容在这个页面的父页面里显示出来,如图7.18所示。

7.1.5 关闭窗口

关闭窗口用来关闭浏览器窗口页面。

图7.18 发布原型

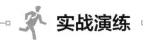

实战演练

1 在"当前窗口"页面,拖曳一个HTML按钮部件,命名为"关闭窗口",如图7.19所示。

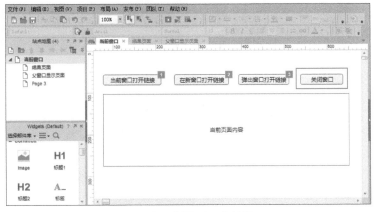

图7.19 "关闭窗口"按钮

2 给这个按钮添加鼠标单击时触发事件,在第二步下面单击"关闭窗口",在第四步下面可以看到没有任何选项,当单击这个按钮时,就可以将页面关闭,如图7.20所示。

121

图7.20　关闭窗口交互

发布一下，当单击关闭窗口按钮时，会弹出提示是否关闭窗口，单击"是"，就可以关闭窗口。

7.2　在内部框架中打开链接

Axure的内部框架，可以使同一个浏览器窗口显示多个页面，并在这个窗口里实现不同页面的切换效果。就像在HTML网页代码中有iframe标签，iframe元素会创建包含另外一个文档的内联框架，实现不同条件下嵌入不同文档的效果。

Axure的内部框架和iframe元素功能差不多，可实现不同条件下嵌入不同的文档效果。

内部框架部件到底是一个什么样的部件，该怎么使用内部框架部件呢？下面一起来了解。

微课视频

在内部框架中
打开链接行为详解

7.2.1　内部框架

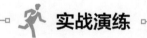

实战演练

1 把Page3页面重新命名为"内部框架"，拖曳一个内部框架部件，标签命名为"内部框架显示区"；再拖曳两个HTML按钮部件，分别命名为"结果页面"和"父窗口显示页面"，如图7.21所示。

2 选中"结果页面"按钮，添加鼠标单击时触发事件，在第二步下面单击"内部框架"，在第四步下面勾选"内部框架显示区"复选框，让它在内部框架中打开"结果页面"，如图7.22所示。

图7.21 内部框架显示区

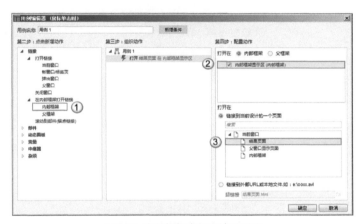

图7.22 内部框架中打开结果页面

3 选中"父窗口显示页面"按钮，添加鼠标单击时触发事件，在第二步下面单击"父框架"，在第四步下面勾选"内部框架显示区"复选框，让它在内部框架中打开"父窗口显示页面"，如图7.23所示。

图7.23 父框架中打开页面

4 按F5键发布看一下效果，单击"结果页面"按钮，可以看到结果页面在内部框架中显示出来，单击"父窗口显示页面"按钮，内部框架的显示内容发生变化，显示出父窗口显示页面内容，如图7.24所示。

可以看出，内部框架就是一个架子，内部框架有多大，它的页面显示区域就有多大，设置不同的条件，在这个框架里就显示不同的页面内容。实现不同条件下页面的切换效果，就像使用动态面板部件一样，同样实现了页面的切换效果。

图7.24 发布原型

5 页面刚加载进来，内部框架里没有显示内容，不可能给用户展示一个空白页面，应该设置默认显示结果页面按钮对应的内容。在内部框架上双击，弹出内部框架"链接属性"对话框，选中"结果页面"，可以作为内部框架的默认显示页面，如图7.25所示。

图7.25 设置默认显示页面

6 再发布看一下效果，可以看到它默认显示的是"我是结果页面"的内容。单击按钮同样可以实现切换效果，如图7.26所示。

从上面可以看到内部框架会出现滚动条，而单击父窗口显示页面，内部框架又没有滚动条。结果页面内容的高度要高于内部框架的高度，内部框架不能完全地显示出结果页面的内容，就会出现滚动条，而父窗口显示页面内容，内部框架可以完全地展示出来，不会出现滚动条。

那滚动条是怎么设置的呢？可不可以不显示滚动条呢？

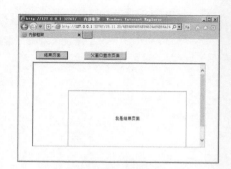

图7.26 发布原型

7 在内部框架上单击鼠标右键，可以看到有滚动栏选项。在这个选项里包含3个子选项：按需显示横向或纵向滚动条、总是显示滚动条、从不显示横向或纵向滚动条。它默认勾选的是"按需显示横向或纵向滚动条"，如果不想显示滚动条，选择第3个选项，如图7.27所示。

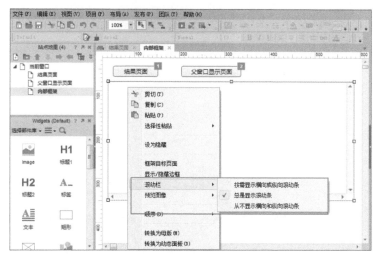

图7.27　滚动栏设置

内部框架的边框很不美观，会影响用户体验的效果。在内部框架上单击鼠标右键，有"显示/隐藏边框"选项，勾选这个选项，就可以将边框隐藏起来。

再来看看Axure内部框架的作用。

其实内部框架的功能就是引用。什么是引用？就是在一个框里面显示其他页面上的内容。那么什么时候会用到内部框架呢？

刚才引入的是站点地图的页面，它还可以引入什么呢？

◎　**引入视频**。在Axure里是没有媒体控件的，要在原型里播放本地或者网页上的视频文件就要用到内部框架，在链接属性填写视频文件的绝对路径地址，就可以将视频引入到内部框架里。

◎　**引入本地文件**。同样的道理，在超链接里填写要引用的本地文件的地址（包括文件名和后缀名），这个文件就会在内部框架内打开了，它可以引入pdf文件、图片、音乐文件，但不能引入Office文件。

◎　**引用网页**。在超链接里输入网址就可以了，需要注意的地方：一是超链接地址要带上"http://"，二是要设置好内部框架的大小，默认是显示网页的左上角。

7.2.2　父框架

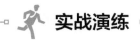 **实战演练**

1 在"结果页面"里添加一个HTML按钮部件，将它命名为"父框架打开链接"，再新增一个页面，重新命名为"父框架显示页面"，拖曳一个矩形部件，给它填充一个背景色绿色（009900），如图7.28、图7.29所示。

图7.28　父窗口打开链接按钮

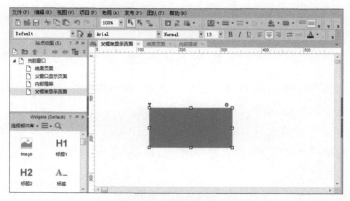

图7.29　父框架显示页面

2 回到"结果页面"里，选中"父框架打开链接"按钮，添加鼠标单击时触发事件，单击"内部框架"，可以看到当前页面没有可用的内部框架，选择"父框架"，可以看到有可用的内部框架，选择"父框架显示页面"，让它打开父框架显示页面，如图7.30所示。

图7.30　父框架打开页面

3 发布看一下效果，单击"父框架打开链接"，可以看到父框架显示页面打开，如图7.31所示。

可以根据个人习惯选择使用内部框架，能够用动态面板完成的功能建议不要使用内部框架，因为内部框架与动态面板相比，不是很灵活，效率也不高。

并且使用内部框架完成交互，设置更复杂，实际上动态面板除不能引用视频、本地文件、网页外，其他功能都具备。

图7.31　发布原型

7.3 滚动到部件（锚点链接）

微课视频

滚动到部件（锚点链接）行为详解

我们经常会看到有的页面右侧悬浮一块区域，单击悬浮区域里的链接，页面会滚动到链接指定位置，如页首或者页尾，Axure同样也能实现这样的功能。

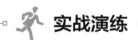

实战演练

1 在站点地图上新建一个页面"滚动到部件行为"，拖曳两个矩形部件，宽度设置为700，高度设置为100，文本内容分别命名为"我是顶部"和"我是尾部"，标签命名为"top"和"bottom"，如图7.32所示。

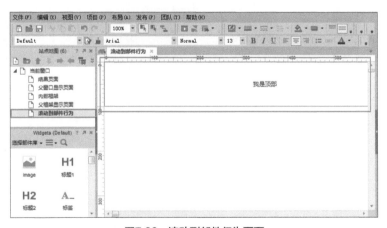

图7.32　滚动到部件行为页面

2 拖曳两个矩形部件，将一个矩形部件调整形状为向上三角形，制作成向上的箭头，运用同样的方式，制作一个向下的箭头，如图7.33所示。

3 拖曳一个图像热区部件，放置在向上的箭头上面，给它添加鼠标单击时触发事件，在第二步下面单击"滚动到部件（锚点链接）"行为，勾选"top"复选框，让它纵向滚动，如图7.34所示。

图7.33　向上、向下箭头

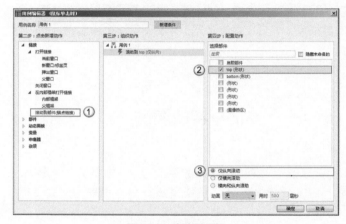

图7.34　滚动到顶部

4 拖曳一个图像热区部件，放置在向下的箭头上面，给它添加鼠标单击时触发事件，在第二步下面单击"滚动到部件（锚点链接）"行为，勾选"bottom"复选框，让它纵向滚动，如图7.35所示。

图7.35　滚动到底部

5 同时选中向上箭头和向下箭头，单击鼠标右键，转换为动态面板部件，动态面板的名称为"快速定位"，状态重新命名为"定位"，如图7.36所示。

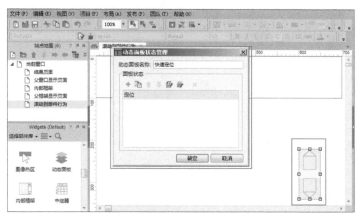

图7.36 转换为动态面板

6 转换为动态面板后，在动态面板上单击右键选择"固定到浏览器"命令，横向固定设置为"右侧矩形"，垂直固定设置为"居中"，浏览器窗口滚动的时候，这个动态面板固定到浏览器上，如图7.37所示。

7 按F5键发布制作的原型。按向上箭头按钮可以滚动到页首，按向下箭头按钮会滚动到页尾，如图7.38所示。

图7.37 设置动态面板在浏览器中的位置

图7.38 滚动到首部尾部

7.4 小结

本章主要学习Axure的链接行为，使用链接行为制作交互效果，应当做到以下几点。

1 学会Axure的打开链接和关闭窗口行为，包括当前窗口、新窗口、弹出窗口、父窗口、关闭窗口链接行为。

2 学会在内部框架中打开链接行为，学会什么是内部框架部件，以及内部框架和父框架的使用。

3 学会滚动到部件行为，这是一个很多网站经常会用到的功能。

第8章 用Axure部件行为制作交互效果

Axure除了可以使用链接行为制作交互效果，也可以使用部件行为来完成。Axure部件行为包括部件的显示/隐藏、设置文本和设置图像、设置选择/选中、设置指定列表项、启用/禁用、移动、置于顶层/置于底层、获得焦点、展开/折叠树节点等。通过部件行为也可以制作出高级交互效果，如图8.1所示。

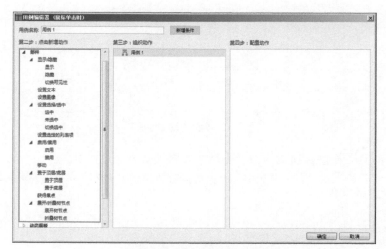

图8.1 Axure部件行为

8.1 显示/隐藏

Axure部件的显示/隐藏行为常用于制作二级菜单的显示与隐藏交互效果，下面一起来学习。

8.1.1 切换方式控制部件显示隐藏

微课视频

显示/隐藏
行为详解

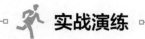

实战演练

1 拖曳一个矩形部件，将它宽度设置为100，高度设置为30，文本内容重新命名为"导航一"，拖曳一个垂直菜单部件，作为导航一的二级菜单，将它的标签命名为"导航一的二级菜单"，如图8.2所示。

2 将导航一的二级菜单先隐藏起来，当单击导航一的时候，显示出二级菜单。选中导航一，给它添加鼠标单击时触发事件，在第二步下面单击"切换可见性"，在第四步下面勾选"导航一的二级菜单"复选框，给它添加一个动画效果"向下滑动"，如图8.3所示。

图8.2　一级菜单和二级菜单

图8.3　导航一菜单交互效果

提示：Axure部件还提供了显示和隐藏之间的切换行为，称为切换可见性。

3 按F5键发布看一下效果。单击导航一时，它的二级菜单向下滑动，退出的时候，二级菜单也是向下滑动。虽然实现了部件的显示与隐藏效果，但退出的时候向上滑动才是比较合理的，如图8.4所示。

8.1.2　变量方式控制部件显示隐藏

使用切换方式控制部件显示与隐藏，进入退出的时候只能设置同样的动画，要么向上滑动，要么向下滑动，不能设置为进入的时候向下滑动，退出的时候向上滑动。下面通过变量方式来设置退出的时候向上滑动。

图8.4　发布原型

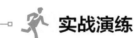　**实战演练**

1 先复制一下"导航一"和"导航一的二级菜单"两个部件，将"导航一"改为"导航二"，将它的二级菜单标签命名改为"导航二的二级菜单"，如图8.5所示。

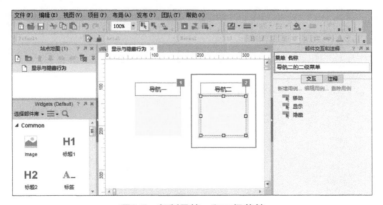

图8.5　复制导航一和二级菜单

2 添加一个全局变量（见5.1节），变量命名为"flag"，默认值为0，选中导航二菜单，修改一下它的鼠标单击时触发事件，单击"新增条件"，设置变量值flag等于0，让它显示二级菜单，如图8.6所示。

图8.6　显示导航二的二级菜单

3 接着设置变量值，将flag变量设置为1，如图8.7所示。

图8.7　修改变量值

4 再次添加鼠标单击时触发事件。单击新增条件，设置变量值flag=1来隐藏二级菜单，在第二步下面单击隐藏这个动作，在第四步下面，勾选"导航二的二级菜单"，设置一下它的动画效果，隐藏的时候让它向上滑动，接着把变量flag值设置为0，如图8.8所示。

　　　　图8.8　隐藏导航二的二级菜单

5 按F5键发布看一下效果。单击导航二菜单，二级菜单向下滑动显示，再单击一下，二级菜单向上滑动隐藏，得到了想要的效果，如图8.9所示。

图8.9　发布原型

8.1.3　多个导航菜单联动效果

当单击导航一菜单的时候，导航一和导航二的二级菜单都显示出来，如图8.10所示。但是在实际使用的时候，每次只需显示出一个二级菜单，这应该怎么办呢？怎么才能实现两个甚至多个导航菜单的联动效果呢？

图8.10　二级菜单都显示出来

实战演练

1 复制导航一和它的二级菜单，分别命名为"导航三"和"导航三的二级菜单"，如图8.11所示。

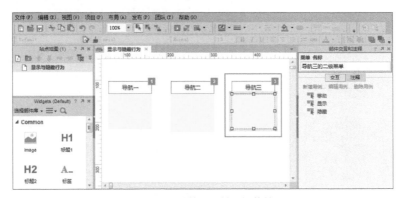

图8.11　导航三及其二级菜单

2 再复制导航一和它的二级菜单，分别命名为"导航四"和"导航四的二级菜单"，如图8.12所示。

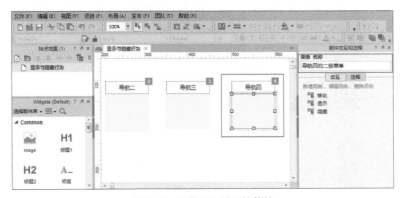

图8.12　导航四及其二级菜单

3 先删除"导航三"和"导航四"的用例,然后实现"导航三"菜单和"导航四"菜单的联动效果。选中"导航三"菜单,给它添加鼠标单击时触发事件,单击"显示"这个动作,显示"导航三的二级菜单",让它向下滑动。单击"隐藏"这个动作,将"导航四的二级菜单"隐藏起来,让它向上滑动,如图8.13所示。

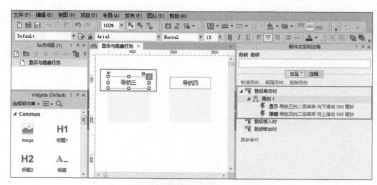

图8.13　导航三菜单交互效果

4 选中"导航四"菜单,给它添加添加鼠标单击时触发事件,单击"显示"这个动作,显示"导航四的二级菜单",让它向下滑动,单击"隐藏"这个动作,这次将"导航三的二级菜单"隐藏起来,如图8.14所示。

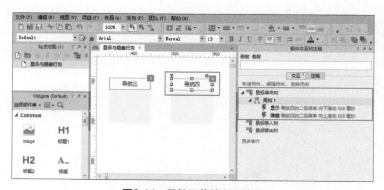

图8.14　导航四菜单交互效果

发布看一下效果。单击导航三,导航三的二级菜单向下滑动显示出来,单击导航四菜单,导航三的二级菜单向上滑动隐藏起来,同时导航四的二级菜单向下滑动显示出来,实现了这两个菜单的联动效果。

8.2　设置文本和设置图像

设置文本行为一般可以应用于标签部件、标题部件、矩形部件等,有文本内容的都可以使用设置文本行为;设置图像行为是针对图片部件的。下面看一下设置文本和设置图像行为的使用。

微课视频

设置文本和设置
图像行为详解

8.2.1　设置文本行为

实战演练

1 拖曳一个矩形部件，调整一下它的大小，将它的标签命名为"content"，拖曳两个HTML按钮部件，文本内容分别为"设置文本一"和"设置文本二"，如图8.15所示。

图8.15　设置文本行为

2 选中"设置文本一"按钮部件，给它添加鼠标单击时触发事件。单击"设置文本"这个动作，勾选"content"复选框，该部件有多种赋值方式：直接设置值、通过变量值设置和部件文字方式设值等。此处使用直接设置值的方式赋值，赋值为"中国我爱你"，如图8.16所示。

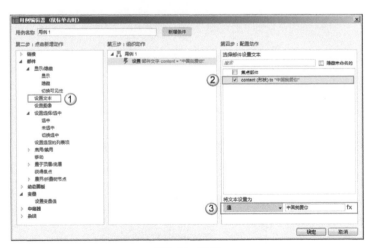

图8.16　赋值

3 用同样的方式给"设置文本二"按钮部件赋值。单击鼠标单击时触发事件，在第二步下面单击"设置文本"，在第四步下面勾选"content"复选框，赋值为"北京我爱你"，如图8.17所示。

图8.17　赋值

　　发布原型看一下效果。单击"设置文本一"按钮，矩形框里显示"中国我爱你"，再单击"设置文本二"，矩形框里显示"北京我爱你"，实现了设置文本的效果。

8.2.2　设置图像行为

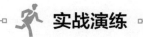

实战演练

　　1 拖曳一个图片部件，用"face"图片来替换图片部件，将它的标签命名为"image"；拖曳一个矩形部件，标签命名为"content"；拖曳一个HTML按钮部件，文本内容命名为"设置图像"，如图8.18所示。

图8.18　图片、矩形部件、HTML按钮部件

　　2 选中"设置图像"按钮部件，给它添加鼠标单击时触发事件。在第二步下面单击"设置图像"，在第四步下面可以看到只能给图片部件设置图像，添加的矩形部件没有显示出来，进一步说明只能给图像部件设置图像行为，如图8.19所示。

图8.19 设置图像行为

3 勾选"image"复选框，在下面可以设置默认（Default）图像（单击按钮后显示的默认图像）、鼠标悬停时的图像（在图片上悬停）、鼠标按键按下时的图像、选中时的图像，以及禁用时的图像。单击"导入"按钮，导入图片，这里可以显示出图片，也可以清除导入的图片，如图8.20所示。

图8.20 设置图像

发布原型。当单击"设置图像"的时候，显示默认的图片；当鼠标悬停的时候，图片切换成另一张；当再次单击鼠标时，图片又换成另一张，实现了设置图像的效果。

设置图像的效果一般会用在选中某个东西的时候，可能显示出一个"√"号，禁用某个东西的时候，显示出一个"×"号，还有淘宝上的商品，默认显示的是一个小的图片，当鼠标悬停在上面的时候显示一个大图片，离开的时候又显示小的图片。

137

8.3 设置选择/选中

微课视频

设置选择/
选中行为详解

设置选择/选中行为常用于设置单选按钮部件和复选框按钮部件的选中与未选中，以及选中和未选中状态的切换。下面一起来看看。

8.3.1 单选按钮选中行为

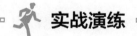 实战演练

1 拖曳一个单选按钮部件，文本内容命名为"我是单选按钮"，标签命名为"单选"，再拖曳一个HTML按钮部件，文本内容命名为"选中"，利用快捷键复制制作另外两个按钮，分别命名为"未选中"和"切换选中"，如图8.21所示。

图8.21　单选按钮选中行为页面

2 单击"选中"按钮部件，添加鼠标单击时触发事件。单击它的时候，让单选按钮选中，在第二步下面单击"选中"，在第四步下面勾选"单选"这个复选框，可以看到选中的时候，值为true，如图8.22所示。

图8.22　选中行为

3 选中"未选中"按钮部件，添加鼠标单击时触发事件。在第二步下面单击"未选中"，在第四步下面勾选"单选"这个复选框，当未选中的时候，它的值为false，如图8.23所示。

图8.23　未选中行为

4 选中"切换选中"按钮部件，添加鼠标单击时触发事件。在第二步下面单击"切换选中"，在第四步下面勾选"单选"这个复选框，它的值为toggle，如图8.24所示。

图8.24　切换选中行为

发布看一下效果。单击"选中"，单选按钮呈现选中状态；单击"未选中"，单选按钮呈现未选中状态；单击"切换选中"，可以看到它在选中和未选中状态之间切换。

8.3.2　复选框选中行为

实战演练

1 拖曳一个复选框部件，文本内容命名为"我是复选框"，标签命名为"复选"；拖曳一个HTML按钮部件，文本内容命名为"选中"，复制制作两个按钮部件，文本内容分别命名为"未选中"和"切换选中"，如图8.25所示。

图8.25　复选框选中行为页面

2 单击"选中"按钮部件，添加鼠标单击时触发事件。单击它的时候，让单选按钮选中，在第二步下面单击"选中"，在第四步下面勾选"复选"这个复选框，可以看到选中的时候，值为true，如图8.26所示。

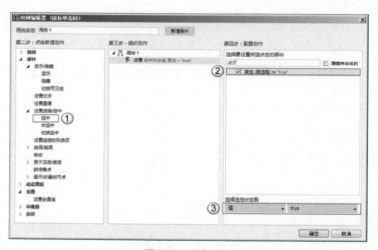

图8.26　选中行为

3 选中"未选中"按钮部件，添加鼠标单击时触发事件。在第二步下面单击"未选中"，在第四步下面勾选"复选"这个复选框，当未选中的时候，它的值为false，如图8.27所示。

4 选中"切换选中"按钮部件，添加鼠标单击时触发事件。在第二步下面单击"切换选中"，在第四步下面勾选"复选"这个复选框，它的值为toggle，如图8.28所示。

图8.27　未选中行为

图8.28　切换选中行为

发布原型可以看下效果，单击"选中"，复选框呈现选中状态；单击"未选中"，复选框呈现未选中状态；单击"切换选中"，可以看到它在选中和未选中状态之间切换。

8.4　设置指定列表项

设置指定列表项行为常用于下拉列表框和列表选择框部件中选定某个下拉选项。下面通过设置两个下拉框的联动效果来学习设置指定列表项行为。

8.4.1　一对一联动效果

下面制作两个下拉列表框，一个代表学生的姓名，另一个代表名次，实现它们的联动效果。

微课视频

设置指定
列表项行为详解

实战演练

1 拖曳一个下拉列表框部件，标签命名为"name"，双击这个下拉列表框部件，单击"新增多个"，新增下拉选项，输入"小红""小虎"和"小明"，如图8.29所示。

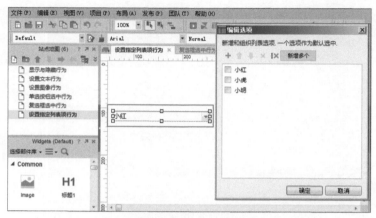

图8.29　姓名下拉列表框

2 拖曳一个下拉列表框部件，标签命名为"rank"，同样双击这个下拉列表框部件，单击"新增多个"下拉选项，输入"第一名""第二名"和"第三名"，如图8.30所示。

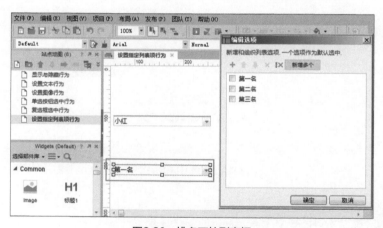

图8.30　排名下拉列表框

3 选中"name"下拉列表框，给它添加选项改变时触发事件。单击"新增条件"，来设置条件，选择选中项值等于"小红"，在第二步下面单击"设置指定列表项"这个动作，勾选"rank"复选框，设置小红为第一名，如图8.31所示。

4 再新增一个用例。单击"新增条件"，这次让选中项值等于"小虎"，在第二步下面单击"设置选定的列表项"，勾选"rank"复选框，设置小虎为第二名，如图8.32所示。

5 再新增一个用例。单击"新增条件"，这次让选中项值等于"小明"，在第二步下面单击"设置选定的列表项"，勾选"rank"复选框，设置小明为第三名，如图8.33所示。

图8.31 设置小红第一名

图8.32 设置小虎第二名

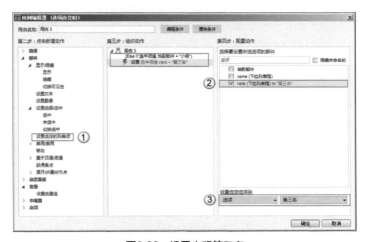

图8.33 设置小明第三名

发布看一下效果。选择"小虎",看到他得了第二名,选择"小明"看到他得了第三名,选择

"小红"，看到她得了第一名，即实现了两个下拉列表框的联动效果。

8.4.2 一对多联动效果

虽然实现了两个菜单的联动效果，但是也会发现，两个下拉列表框是一一对应的，在实际的使用过程中，可能还有一对多的关系，如省市县三级联动，选择某个省份，第二个下拉列表选项里有多个市区，选择黑龙江省，与其联动的下拉列表框里应该有哈尔滨市、佳木斯市等，怎么才能实现这样的效果呢？

实战演练

1 拖曳一个下拉列表框部件，标签命名为"省份"，双击这个下拉列表框部件，单击"新增多个"，输入"黑龙江省""山东省"和"河北省"，如图8.34所示。

图8.34　省份下拉列表框

2 拖曳一个下拉列表框部件，标签命名为"市区"，需要将它转换为动态面板，用多个状态来代表各个省份的市区，在这个部件上单击鼠标右键，选择"转换为动态面板"，输入动态面板的名称为"市区"，复制出3个状态"黑龙江市区""山东市区"和"河北市区"，如图8.35所示。

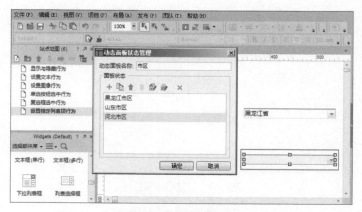

图8.35　市区动态面板

3 进入"黑龙江市区"状态里，双击这个下拉列表框部件，单击"新增多个"，新增多个黑龙江市区，如图8.36所示。

图8.36　编辑黑龙江市区状态

4 进入"山东市区"状态里，双击这个下拉列表框部件，单击"新增多个"，新增多个山东市区，如图8.37所示。

图8.37　编辑山东市区状态

5 进入"河北市区"状态里，双击这个下拉列表框部件，单击"新增多个"，新增多个河北市区，如图8.38所示。

图8.38　编辑河北市区状态

6 编辑完状态内容之后，选中省份下拉列表框部件，给它添加选项改变时触发事件，单击"新增条件"，让选中项值等于"黑龙江省"，在第二步下面单击"设置面板状态"，在第四步下面勾选"设置市区"动态面板，选择"黑龙江市区"这个状态，如图8.39所示。

图8.39　黑龙江省对应市区

7 运用同样的方式，设置山东省对应市区、河北省对应市区，如图8.40所示。

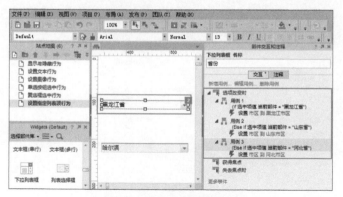

图8.40　省市对应设置

发布看一下效果。选择"山东省"，可以看到山东省的一些市区；再选择"河北省"，可以看到河北省的一些市区；再选择"黑龙江省"，可以看到黑龙江省的一些市区，实现了下拉列表框一对多的联动效果。

8.5　启用/禁用

在默认的情况下，拖曳到工作区域中的部件是启用的，但有的时候需要禁用一些部件，如复选框在某些情况下是灰色不能勾选的。可以对文本框（单行）、文本框（多行）、下拉列表框、复选框、单选按钮、HTML按钮等部件设置启用或者禁用。

微课视频

启用/禁用
行为详解

1 拖曳两个HTML按钮，文本内容重新命名为"禁用"和"启用"，再分别拖曳一个复选框、单选按钮、文本框（单行）、文本框（多行）、下拉列表框、HTML按钮，标签分别命名为"复选框""单选按钮""单行文本框""多行文本框""下拉列表框"和"按钮"，如图8.41所示。

图8.41　启用禁用部件

2 选中"禁用"按钮，添加鼠标单击时触发事件。弹出"用例编辑器"对话框，在第二步下面单击"禁用"，在第四步下面勾选"复选框""单选按钮""单行文本框""多行文本框""下拉列表框"和"按钮"复选框，将这些部件禁用，如图8.42所示。

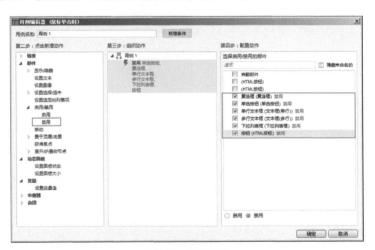

图8.42　禁用部件

3 选中"启用"按钮，添加鼠标单击时触发事件。弹出"用例编辑器"对话框，在第二步下面单击"启用"，在第四步下面勾选"复选框""单选按钮""单行文本框""多行文本框""下拉列表框"和"按钮"复选框，将这些部件启用，如图8.43所示。

图8.43　启用部件

　　按F5键发布制作的原型。当按"禁用"按钮时复选框和单选按钮不可用，当按"启用"按钮时复选框和单选按钮可以使用，从而实现了部件的启用与禁用。

8.6　移动和置于顶层/底层

　　移动行为可以设置部件移动的相对位置、绝对位置，以及动画效果和移动的时间。在制作导航菜单的时候，"移动"可以控制菜单选中的背景，而"置于顶层/底层"可以控制部件上下关系，以达到部件的显示效果。

微课视频

移动和置于顶层/
置于底层行为详解

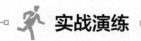

实战演练

　　1 拖曳3个标题2部件，文本内容为"导航一""导航二"和"导航三"；拖曳一个矩形部件，宽度设置为140，高度设置为50，颜色填充为绿色（00CC00），放置在"导航一"菜单下面，置于底层，标签命名为"菜单选中背景"，作为导航菜单背景，如图8.44所示。

　　2 选中"导航二"菜单，给它添加鼠标单击时触发事件。移动"菜单选中背景"到绝对位置（176,120），动画效果为线性，用时为500毫秒，如图8.45所示。

　　3 选中"导航三"菜单，给它添加鼠标单击时触发事件。移动"菜单选中背景"到绝对位置（318,120），动画效果为线性，用时为500毫秒，单击"置于顶层"，将菜单选中背景置于顶层，如图8.46所示。

图8.44　导航菜单

图8.45　移动菜单选中背景

图8.46　菜单选中背景置于顶层

4 按F5键发布制作的原型。单击导航二菜单，会发现菜单选中背景移动到导航二菜单下面；单击导航三菜单，会发现菜单选中背景移动到导航三菜单位置，由于给它设置置于顶层，它会覆盖住导航三菜单，如图8.47所示。

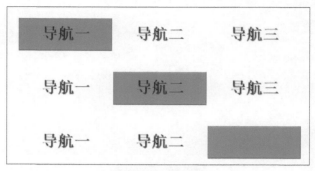

图8.47　发布原型

8.7　获得焦点和展开/折叠树节点

获得焦点常用于文本框（单行）、文本框（多行），展开/折叠树节点常用于折叠或者展开树形结构，如图8.48所示。

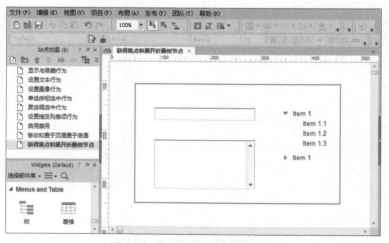

图8.48　获得焦点部件和树形部件

微课视频

获得焦点行为详解

微课视频

展开折叠树
节点行为详解

8.8　小结

本章主要学习Axure的部件行为，使用部件行为制作交互效果，应当做到以下几点。

1 学会Axure部件的显示与隐藏行为，通过切换方式控制部件的显示与隐藏交互效果；通过变量方式控制部件显示与隐藏效果；实现多个导航菜单联动效果。

2 学会设置文本和设置图像行为，通过多种方式对文本进行赋值，在不同触发事件下显示不同图像。

3 学会设置选择和选中行为，常用于制作单选按钮选中和复选框选中效果。

4 学会设置指定列表项，学会制作下拉列表框的一对一联动效果和一对多联动效果。

5 学会部件的启用和禁用、移动、置于顶层和置于底层等行为。

6 学会部件的获得焦点、展开/折叠树节点行为。

第9章 用中继器模拟数据库操作

中继器部件是Axure RP 7.0新增的部件，也有人将中继器称为数据集，因为从表面上看它可以动态存储数据，可以模拟数据库的操作，进行增删改查、搜索、排序和分页操作。这些数据库可以完成的操作，中继器部件同样可以完成。中继器通过动态地管理数据，体现了一种动态的交互效果，提高了用户的体验度，如图9.1所示。

图9.1 中继器模仿数据库的交互效果

9.1 认识中继器

中继器部件可用来显示重复的文本、图片、链接，可以模拟数据库的操作，进行数据库的增删改查。经常会使用中继器来显示商品列表信息、联系人信息、用户信息等。

下面这个图标就是中继器部件，图标很形象，像一个数据库表对数据的操作，如图9.2所示。

中继器部件由中继器数据集和中继器的项组成。

先来看看什么是中继器数据集。

拖曳一个中继器部件，双击进入到中继器里面，可以看到中继器数据集，如图9.3所示。

中继器数据集有点像数据库的表，数据集列名就是数据库表的列名，可以对它进行重新命名，但要注意一点，不可以使用中文，如果命名为中文，它会提示列名是无效的。

微课视频

认识中继器

图9.2 中继器图标

图9.3　中继器数据集

数据集功能条操作包括新增行、删除行、上移行、下移行、新增列、删除列、左移列、右移列等，通过这些功能条操作，实现对中继器数据集进行管理。

什么是中继器的项呢？

当双击进入中继器页面的时候，会看到一个矩形部件，如图9.4所示。而在中继器外面可以看到它有三行，也就是说中继器数据集里面有几行数据，中继器就会显示几行数据，而这个矩形部件只有一个，它是被中继器部件所重复的布局，称为中继器的项，数据集有三行，它就被重复地使用了三次。

图9.4　中继器的项

这个矩形部件可以删除，重新制作中继器的项，重新制作重复的单元。删除矩形部件，拖曳一个横向菜单部件，在中继器外面可以看到横向菜单部件也被用了三次，中继器的项可以作为基础布局，也就是可以重复的单元，如图9.5所示。

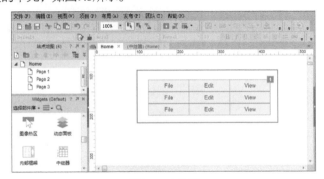

图9.5　中继器

9.2 中继器绑定数据

员工信息可能包含员工编号、姓名、部门、职位等。我们在管理员工信息时，可以新增、删除和查询，如图9.6所示。

☐ 全选	员工编号	姓名	部门	职务	操作
☐ 选中	1001	张三	人力资源部	经理	修改 删除
☐ 选中	1002	李四	行政管理部	助理	修改 删除
☐ 选中	1003	王五	设计部	设计师	修改 删除

图9.6 员工信息管理

微课视频

中继器绑定
数据案例详解

下面利用中继器来完成员工信息的管理，看看中继器是如何动态地新增和删除员工数据，达到与数据库同样的操作效果。

9.2.1 中继器布局设计

实战演练

1 先来制作表格的标题。拖曳一个横向菜单（Classic Menu-Horizontal）部件，第一列作为复选框的选中列，可以选中所有行。拖曳一个复选框部件，文本内容命名为"全选"，标签命名为"全选复选框"，第二列为员工编号，第三列为姓名，第四列为部门，第五列为职位，第六列为操作，字体加粗，灰色（999999）背景，如图9.7所示。

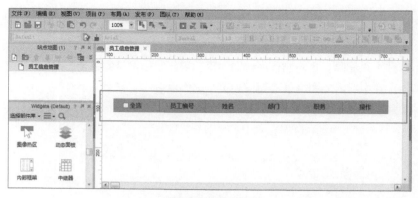

图9.7 表格标题

2 拖曳一个中继器部件，标签命名为"员工信息"，双击进入中继器部件，先来设计它的数据集，需要4列，分别为员工编号、姓名、部门、职务，将它们命名为英文"employeeID""employeeName""department"和"job"，添加3行数据，如图9.8所示。

图9.8　编辑中继器数据集

3 接下来要设计中继器的项，也就是重复显示的布局。先删除矩形部件，拖曳一个表格部件，删除两行，留一行就可以了，表格有6列，第一列放置选中复选框，用来作为选中行操作，标签命名为"行内复选框"，如图9.9所示。

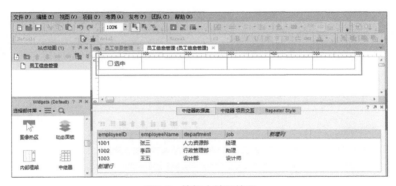

图9.9　编辑中继器的项

4 最后一列是操作列，提供修改和删除操作。拖曳两个标签部件，文本内容分别命名为"修改"和"删除"，字体颜色设置为蓝色（0000FF），如图9.10所示。

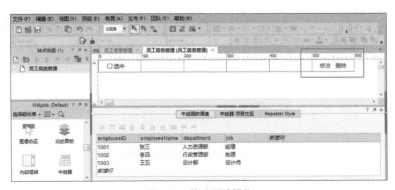

图9.10　修改删除操作

5 给各个列添加标签，分别命名为"复选框""员工标号""姓名""部门""职务"和"操作"，如图9.11所示。

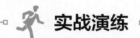

图9.11 表格列命名

9.2.2 中继器数据绑定

实战演练

1 中继器数据集和中继器的项编辑完成后，中继器并没有显示数据集里的数据，如图9.12所示。

图9.12 员工信息中继器

2 双击进入中继器，在下方管理区域中选择"中继器项目交互"选项卡，添加"每项加载时"触发事件，先绑定员工编号数据，单击"设置文本"，勾选中继器里的"员工编号"复选框，单击"fx"按钮，如图9.13所示。

图9.13 员工编号设置文本

3 单击"插入变量"，要给中继器里的员工编号赋值，插入数据集里的员工编号这一列值，这样就可以将数据集里的数据绑定到中继器上，如图9.14所示。

图9.14 插入数据集里的值

4 用同样的方式绑定姓名、部门、职务这3列，如图9.15所示。

图9.15 中继器绑定数据

5 返回"员工信息管理"页面，可以看到已将数据集里的数据绑定到了中继器里，如图9.16所示。

图9.16 数据绑定成功

回顾一下绑定的步骤，拖曳一个中继器，设计中继器的数据集，接着设计中继器的项，添加每项加载时触发事件，勾选要赋值的区域，插入变量，找到数据集的列，这样就可以将数据集里的数据绑定到中继器上。

9.3 新增数据弹出框设计

新增数据的时候，往往会用一个弹出框来显示新增数据的页面，修改数据的时候也会用到弹出框，用来显示修改数据的页面。下面开始来设计新增数据的弹出框。

微课视频

新增数据弹出
框设计案例详解

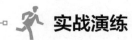

实战演练

1 拖曳一个HTML按钮部件，作为新增数据的按钮；拖曳一个动态面板部件，宽度设置为1200，高度设置为1000，动态面板命名为"员工信息"，状态命名为"新增修改弹出框"，新增和修改都可以使用这个弹出框，如图9.17所示。

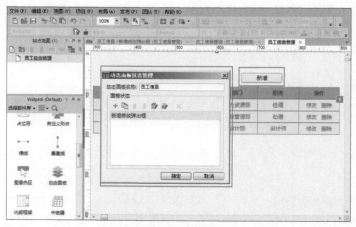

图9.17　员工信息动态面板

2 进入"新增修改弹出框"状态，拖曳一个矩形，宽度设置为1200，高度设置为1000，填充为黑色，标签命名为遮罩层，遮罩层一般有半透明的感觉，设置不透明度为30；再拖曳一个矩形部件，作为弹出框的背景，宽度设置成340、高度设置成330，填充为蓝色（0099FF），设置圆角半径3，如图9.18所示。

3 拖曳一个标签部件，作为弹出框的标题，文本内容为"员工信息管理"，15号字，加粗，白色字体（FFFFFF）；拖曳一个标签部件，作为关闭按钮，文本内容为"关闭"，放在右侧，15号字，加粗，白色字体（FFFFFF），如图9.19所示。

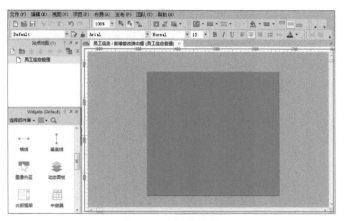

图9.18 弹出框背景

图9.19 弹出框标题及关闭按钮

4 拖曳一个矩形部件，作为新增页面的背景，去掉边框，调整大小，中继器数据集里有4列，员工编号、姓名、部门、职务。拖曳一个标签部件，重新命名为"员工编号"，字体加粗；拖曳一个文本框单行部件，标签命名为IDInput，如图9.20所示。

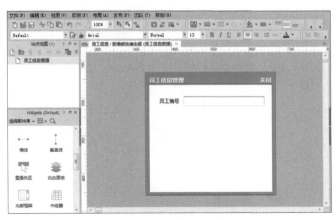

图9.20 员工编号输入

5 选中员工编号和输入框，按住Ctrl键向下拖曳复制一个，修改为"姓名"，标签命名为"nameInput"，再复制一个，修改为"部门"，给它设置一个下拉菜单，输入几个下拉选项，标签命名为"departInput"，如图9.21所示。

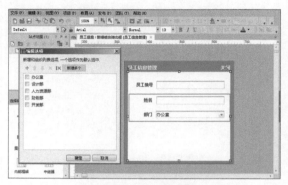

图9.21　姓名和部门输入

6 选中员工编号和输入框，按住Ctrl键复制一个，修改为"职务"，标签命名为"jobInput"，需要保存和关闭两个按钮，拖曳两个HTML按钮部件，保存按钮设置得大一些，如图9.22所示。

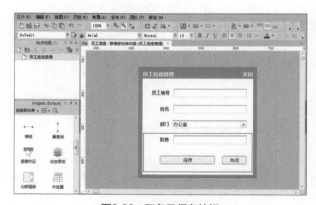

图9.22　职务及保存按钮

这样员工信息管理的弹出框就设计完成了。在最初的时候，弹出框被隐藏于底层，单击新增按钮的时候，才会弹出，并置于顶层，如图9.23所示。

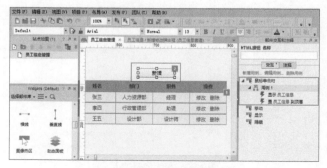

图9.23　新增按钮交互

9.4 中继器新增数据操作

可利用中继器部件和新增数据的弹出框来实现新增数据的操作。

实战演练

1 进入"新增修改弹出框"的状态里,选中"关闭"按钮,给它添加鼠标单击时触发事件,隐藏"员工信息"动态面板,并且将它置于底层,设置员工编号、姓名、职务输入框里的值为空值和设置部门为默认值"办公室",如图9.24所示。

图9.24 关闭按钮交互

2 选中"保存"按钮,给它添加鼠标单击时触发事件,在第二步下面找到中继器的"新增行"操作,勾选"员工信息管理"中继器,再单击"新增行"按钮,如图9.25所示。

图9.25 新增行操作

3 弹出"新增行到中继器"对话框，先给中继器数据集里的员工编号赋值，单击"fx"按钮，将"员工编号"输入框里的值赋值给中继器数据集里的员工编号，如图9.26所示。

图9.26　中继器数据集员工编号赋值

4 运用同样的方式给中继器数据集里的姓名、职务、部门赋值，但是在给部门赋值的时候要注意，局部变量赋值方式是通过下拉列表框"选中项值"进行的，其他都是文本输入框，如图9.27所示。

5 中继器新增数据完成之后，隐藏"员工信息"动态面板，并且将它置于底层，设置"员工编号""姓名"和"职务"输入框里的值为空值，设置"部门"为默认值"办公室"，如图9.28所示。

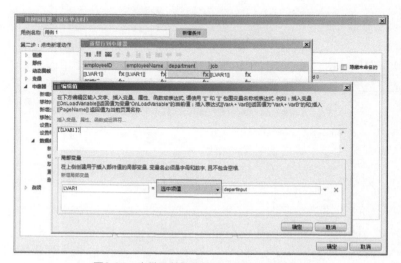

图9.27　中继器数据集姓名、部门、职务赋值

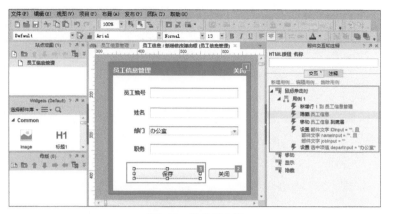

图9.28　隐藏弹出框

6 按F5键发布看一下效果。单击新增按钮，弹出框显示出来，单击关闭按钮弹出框隐藏起来，插入一条数据，如图9.29所示。

图9.29　插入数据

利用中继器动态地新增数据，与操作数据库的效果是一致的，数据库进行新增数据操作，会将数据保存到库里，而使用中继器新增数据，并没有将数据保存到数据集里，刷新浏览器页面，会发现新增的数据丢失了，显示的是数据集里默认添加的数据。

9.5　中继器删除数据操作

中继器部件除了可以进行新增数据操作，同时还可以进行删除数据操作。中继器删除数据操作，分为删除行内数据和删除全局数据，删除行内数据只能将当前行删除，而删除全局数据，则可以将选中行删除。

9.5.1 删除行内数据

—◦———●————— 🏃 **实战演练** ————●———◦—

1 进入"员工信息管理"中继器，选中"删除"按钮，给它添加鼠标单击时触发事件，在第二步中继器下面单击"标记行"操作，勾选"员工信息管理"，将当前行先标记起来，如图9.30所示。

图9.30　标记要删除的行数据

2 在第二步中继器下面单击"删除行"操作，勾选"员工信息管理"，选中"已标记"，将当前行删除，如图9.31所示。

图9.31　删除标记数据

3 按F5键发布看一下效果，单击"删除"按钮，可以将当前行数据删除，如图9.32所示。

图9.32 发布原型

9.5.2 删除全局数据

全局数据可以删除一条或者多条数据，它是通过复选框选中要删除的行，然后单击"删除"按钮。

━━━━━ 实战演练 ━━━━━

1 拖曳一个HTML按钮部件，文本内容命名为"删除"，作为全局删除按钮，如图9.33所示。

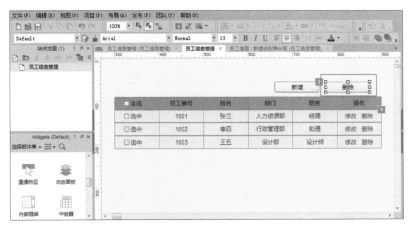

图9.33 全局删除按钮

2 进入"员工信息管理"中继器，选中行内复选框，给它添加选中状态改变时触发事件，新增条件，如果选中状态值为true，标记当前行；如果选中状态值为false，取消标记当前行，如图9.34所示。

3 回到"员工信息管理"页面里，选中全选复选框，给它添加选中状态改变时触发事件，新增条件，如果选中状态值为true，设置行内复选框为选中状态；如果选中状态值为false，设置行内复选框为未选中状态，如图9.35所示。

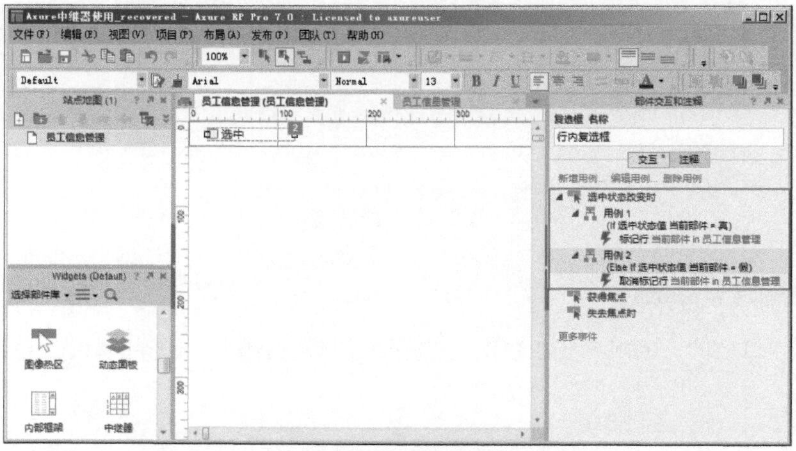

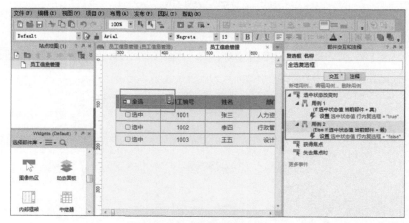

图9.34　行内复选框交互

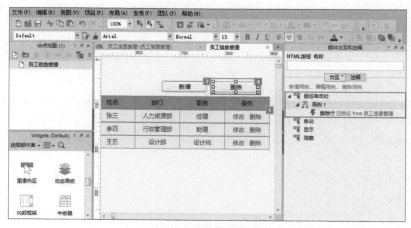

图9.35　全选复选框交互

4　选中全局删除按钮，给它添加鼠标单击时触发事件，在第二步下面单击"删除行"操作，删除已标记的行，如图9.36所示。

图9.36　全局删除按钮交互

按F5键发布原型。勾选多个要删除的行，再单击全局删除按钮，可以看到同时删除了多行数据。

9.6 小结

本章主要学习Axure中继器模拟数据库操作，应当做到以下几点。

1 学会什么是中继器以及中继器数据集和中继器的项。

2 学会将中继器数据集里的数据绑定到中继器上，然后在中继器里显示出来。

3 学会利用Axure部件制作新增数据弹出框。

4 学会利用中继器部件来动态地新增数据操作。

5 学会使用中继器进行删除行内数据操作和删除全局数据操作。

练习

利用中继器部件来设计余额宝转入记录，设计余额宝界面布局，同时将数据绑定到中继器部件里，并显示出来，如图9.37所示。

图9.37　余额宝转入记录

拓展课程

弹出框显示
更新数据

拓展课程

中继器更新
数据操作

拓展课程

中继器数据
搜索操作

拓展课程

中继器数据
排序操作

拓展课程

中继器
分页操作

第三篇
综合实战应用

第10章　猫眼电影App低保真原型设计

　　Axure不仅可以用于网站原型的制作，同时也可以制作移动App的软件原型。下面综合应用Axure的知识，利用Axure来进行猫眼电影App的低保真原型设计，如图10.1所示。

微课视频

产品背景介绍

微课视频

产品分析

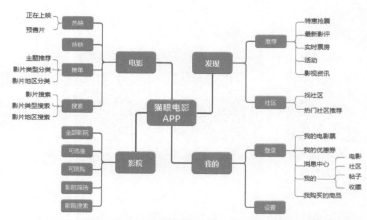

图10.1　猫眼电影App低保真原型设计、产品最终效果和产品功能结构图

10.1 需求描述

利用Axure软件制作猫眼电影App低保真原型，主要包括以下几个方面。

1 利用Axure的母版功能绘制猫眼电影App的底部标签导航。

2 绘制"电影"模块的热映内容界面布局。

3 绘制"电影"模块的待映内容界面布局。

4 绘制"电影"模块的榜单内容界面布局。

5 制作猫眼电影App海报轮播效果。

6 制作猫眼电影App页签切换效果。

7 制作猫眼电影App的"电影"模块界面内容上下滑动效果。

8 制作猫眼电影App的"预告片推荐"界面内容左右滑动效果。

10.2 设计思路

如何按照猫眼电影App的需求来制作低保真原型呢？

1 在进行页面布局时，需要用到标签部件、矩形部件、文本框（单行）部件、横线部件、图片部件、动态面板部件等。

2 在设计底部标签导航时，需要将它设计成母版，这样在页面里可以直接使用，避免重复制作和重复添加交互效果。

3 海报轮播效果制作需要借助于动态面板的状态自动切换效果进行设置。

4 页签切换效果需要使用图像热区部件作为页签触发的锚点，使用动态面板显示多种状态内容；通过添加鼠标单击时触发事件，进行面板状态的设置。

5 界面内容上下滑动效果和左右滑动效果，需要使用两个动态面板部件，一个用来外层控制显示区域，另一个用来添加拖动效果。

10.3 准备工作

进行低保真原型设计，不要使用截图或者过多的彩色，最好使用黑白灰3种颜色。交互设计师或者产品经理在制作完低保真原型后，交给视觉设计师（UI设计师或者美工）来进行界面的设计，他们会制作界面图片，并且切图。

由于要以iPhone 6手机背景作为原型的背景图，所以需要绘制iPhone 6手机背景或者载入iPhone 6手机背景部件库，这样绘制出的原型，可以模拟出用户在手机上最真实的软件操作效果。

10.4 设计流程

10.4.1 底部标签导航母版设计

App软件绝大部分都采用底部标签导航方式。底部标签导航一般会包含3~5个菜单，每个菜单承载各自的内容，将软件模块划分得很清晰，用户看到菜单名称，大致可以知道这个界面所要表达的内容。

猫眼电影App也采用标签导航方式，共有4个标签：电影、影院、发现、我的。这4个标签在很多页面都会使用到，将它们制作成母版，达到一次制作、多次复用的效果。

以iPhone 6手机背景作为猫眼电影App原型的背景。

1 在母版区域里新建一个母版"标签导航"，打开这个母版；在mylib部件库拖曳一个iPhone 6手机背景部件，作为App软件的背景，如图10.2所示。

2 拖曳一个矩形部件，宽度设置为373，高度设置为63，颜色填充为灰色（E4E4E4），作为标签导航背景；拖曳4个图片部件，宽度和高度都设置为30，作为菜单图标；再拖曳4个标签部件，文本内容命名为"电影""影院""发现"和"我的"，字号设置为11号，标签也命名为"电影""影院""发现"和"我的"，如图10.3所示。

图10.2　iPhone 6手机背景

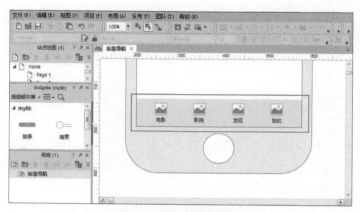

图10.3　标签导航布局设计

注意：在摆放标签导航图片或者标签导航文字的时候，可以采用横向均匀分布的方式，只需要控制第一个图片的位置和最后一个图片的位置，采用横向均匀分布就可以让它们等间距的分布排列。

3 在站点地图上建立4个页面"电影""影院""发现"和"我的"，拖曳一个图像热区部件放置在"电影"标签上面，宽度设置为60，高度设置为58，给它添加鼠标单击时触发事件，在当前窗口打开"电影"页面，如图10.4所示。

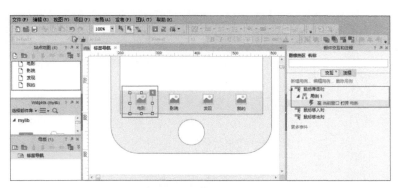

图10.4　打开电影页面

4 给"电影""发现"和"我的"标签上面分别拖曳一个图像热区部件，给它们添加鼠标单击时触发事件，在当前窗口打开相应页面，如图10.5所示。

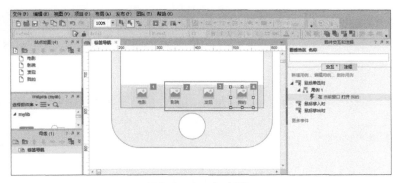

图10.5　打开相应页面

5 将标签导航母版通过新增页面的方式引用到"电影""影院""发现"和"我的"4个页面，如图10.6所示。

图10.6　母版引用到页面

6 进入"电影"页面，添加页面载入时触发事件，通过富文本的方式设置"电影"文本内容，字体颜色为红色（FF0000），该标签导航菜单呈现为选中状态，运用同样的方式给其他3个标签导航设置为选中状态，如图10.7所示。

图10.7 标签导航选中状态设置

注意：第一次进入到电影页面的时候，标签导航菜单的电影菜单应该呈现为选中状态，要实现这一效果，需要借助于页面载入时触发事件，在页面载入的时候将电影菜单变为选中状态。

7 按F5键发布原型。单击不同的标签导航，相应的标签字体颜色会变为红色，呈现为选中状态，如图10.8所示。

图10.8 发布原型

10.4.2 "电影"界面布局设计

"电影"界面主要由三部分组成，界面状态栏、界面内容以及标签导航菜单。标签导航菜单已采用母版的方式设计。界面状态栏分为3种：热映、待映、榜单。界面内容对应状态栏内容。下面来进行"电影"界面布局设计。

微课视频

界面状态栏
设计详解

1. 界面状态栏设计

1 进入"电影"界面，拖曳一个动态面板部件，宽度设置为373，高度设置为45，动态面板名称为"电影模块状态栏"，建立3个状态"热映""待映"和"榜单"，如图10.9所示。

图10.9 电影模块状态栏动态面板

2 进入"热映"状态，拖曳一个矩形部件，宽度设置为373，高度设置为45，颜色填充为灰色（999999），作为状态栏背景；拖曳一个标签部件，文本内容命名为"北京"，字体颜色设置为白色（FFFFFF），拖曳两个横线部件，颜色设置成白色（FFFFFF），通过调整横线部件角度来制作一个向下的箭头，如图10.10所示。

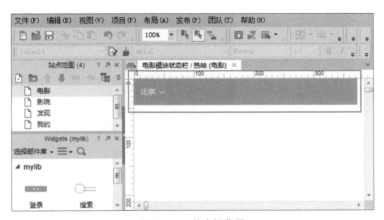

图10.10 状态栏背景

3 拖曳一个矩形部件，宽度设置为162，高度设置为25，颜色填充为灰色（666666），作为页签背景；拖曳3个标签部件，文本内容分别命名为"热映""待映"和"榜单"，字体为白色（FFFFFF），11号字，作为页签名称；拖曳一个矩形部件，宽度设置为60，高度设置为25，颜色填充为灰色（333333），放置在"热映"页签下面，作为选中背景，如图10.11所示。

图10.11　页签

4 拖曳一个矩形部件，调整形状为椭圆形，宽度和高度为25，边框颜色设置为白色（FFFFFF），再拖曳一个横线部件，边框颜色设置为白色（FFFFFF），作为放大镜手柄，如图10.12所示。

图10.12　放大镜

5 全选所有内容，将这些内容复制到"待映"状态里，修改"待映"页签为选中状态，如图10.13所示。

6 全选所有内容，将这些内容复制到"榜单"状态里，修改"榜单"页签为选中状态，如图10.14所示。

图10.13　待映页签选中

图10.14　"榜单"页签选中

2. 热映内容界面布局设计

热映内容主要有电影海报轮播区域、电影列表信息，包括电影海报、电影名称、电影评分、购买或者预售电影票的入口及电影内容简介等，如图10.15所示。

图10.15　热映内容

微课视频

热映内容界面
布局设计详解

1 拖曳一个动态面板部件，宽度设置为373，高度设置为531，动态面板的名称为"电影屏幕显示区"，状态为"电影内容"。进入"电影内容"状态，拖曳一个动态面板部件，宽度设置为373，高度设置为920，动态面板的名称为"电影内容显示区"，建立3个状态为"热映内容""待映内容"和"榜单内容"，如图10.16所示。

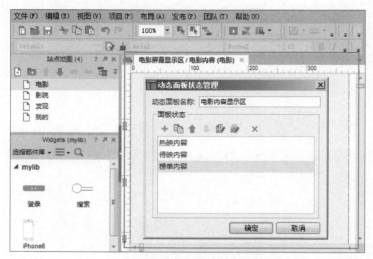

图10.16　电影内容显示区

2 进入"热映内容"状态，拖曳一个动态面板部件，宽度设置为373，高度设置为80，动态面板的名称为"海报轮播显示区"，建立3个状态为"状态1""状态2"和"状态3"。在这3个状态里，分别拖曳一个占位符部件，宽度设置为373，高度设置为80，文本内容分别命名为"海报1""海报2"和"海报3"，如图10.17所示。

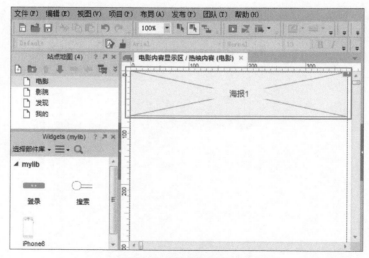

图10.17　海报轮播显示区

3 接下来设计"电影列表"。用图片部件代替电影海报，宽度设置为60，高度设置为75；"电影名称""评分"和"想看"字体加粗，突出显示；拖曳一个矩形部件，宽度设置为50，高度设置为25，颜色填充为灰色（666666），字体颜色设置为白色（FFFFFF），设置两种文本内容"预售"和"购票"；将电影简介内容字体设置为12号，不突出显示，如图10.18所示。

图10.18　电影列表内容

在设计列表的时候，重要的内容突出显示，比如电影名称，不重要的内容弱化显示，这样页面就会更有层次感；先设计完一个列表内容，然后复制列表内容，进行修改，这样可以快速完成。

3. 待映内容界面布局设计

待映内容里有"预告片推荐"和"最受期待"，可以向左滑动和向右滑动，还有预售片列表，提供预售影片入口，如图10.19所示。

图10.19　待映内容

微课视频

待映内容界面
布局设计详解

1 进入"待映内容"状态，拖曳两个标签部件，文本内容分别命名为"预告片推荐"和"最受期待"，字号设置为12号字，字体颜色设置为灰色（333333）；拖曳两个动态面板部件，宽度设置为690，高度设置为65，动态面板分别命名为"预告片推荐显示区"和"最受期待推荐显示区"，状态命名为"预告片内容"，拖曳图片部件设计显示内容，如图10.20所示。

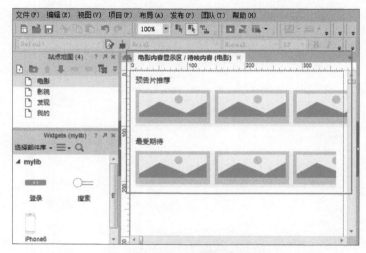

图10.20　预告片推荐和最受期待

2 复制热映电影列表，在其基础上进行修改，制作成预售片列表，如图10.21所示。

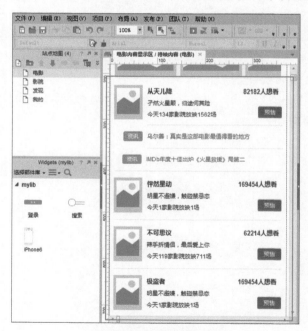

图10.21　预售片列表

4. 榜单内容界面布局设计

榜单内容主要显示"每日热映口碑榜""每日热映票房榜""猫眼想看月度榜"及"每周北美票房榜"的榜单，榜单按不同内容和评分对电影进行排名，如图10.22所示。

图10.22 榜单内容

1 进入"榜单内容"状态里，拖曳4个图片部件，宽度和高度设置为15，拖曳4个标签部件，文本内容分别命名为"每日热映口碑榜""每日热映票房榜""猫眼想看月度榜"和"每周北美票房榜"，作为榜单的标题，如图10.23所示。

图10.23 榜单标题

2 拖曳一个动态面板部件，宽度设置为440，高度设置为161，动态面板的名称为"每日热映口碑榜显示区"，状态命名为"内容"，进入到状态里，拖曳图片部件和标签部件，设计榜单，如图10.24所示。

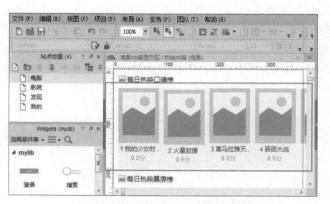

图10.24　每日热映口碑榜显示区

3 将"每日热映口碑榜显示区"动态面板复制出3个，动态面板名称分别修改为"每日热映口碑榜显示区""猫眼想看月度榜显示区"和"每周北美票房榜显示区"，再来设计榜单，如图10.25所示。

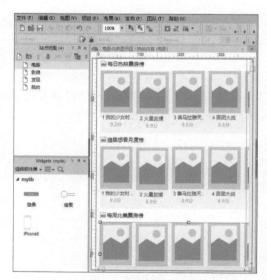

图10.25　榜单内容设计

10.4.3　海报轮播效果制作

App经常需要展示一些商品广告信息，最合适的展示方式就是海报轮播。猫眼电影App同样采用了这种方式，在"电影"里将电影广告图片进行自动轮播。

1 进入"热映内容"这个状态里，选中"海报轮播显示区"动态面板，给它添加页面载入时触发事件，如图10.26所示。

图10.26 选中海报轮播显示区动态面板

2 设置面板状态，勾选"海报轮播显示区"复选框，选择状态为"Next"，让它从最后一个到第一个自动循环，间隔3000毫秒，进入时动画向左滑动，时间为500毫秒，如图10.27所示。

图10.27 轮播设置

3 按F5键发布原型，可以看到"热映"内容里电影广告自动轮播效果，如图10.28所示。

图10.28 发布原型

注意：在设计App产品广告的时候，由于屏幕空间有限，要展示的广告内容多，这时可以采用海报轮播效果，动态地展示商品广告信息。

10.4.4 页签切换效果制作

在"电影"模块里展现"热映""待映"和"榜单"三方面内容，它们之间通过顶部页签切换，实现不同状态内容的展示。下面来制作页签切换效果。

微课视频

页签切换效果
制作详解

1 进入"电影"页面里，拖曳一个图像热区部件，放置在热映页签上面，给它添加鼠标单击时触发事件，设置"电影模块状态栏"动态面板的状态为热映，设置"电影内容状态栏"动态面板的状态为热映内容，实现页签和页签内容联动效果，如图10.29所示。

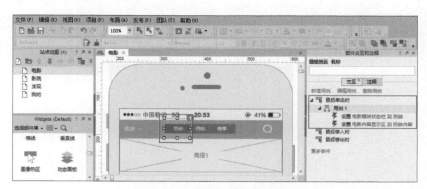

图10.29 "热映"页签交互效果

2 拖曳一个图像热区部件，放置在"待映"页签上面，给它添加鼠标单击时触发事件，设置"电影模块状态栏"动态面板的状态为待映，设置"电影内容状态栏"动态面板的状态为待映内容，实现页签和页签内容联动效果，如图10.30所示。

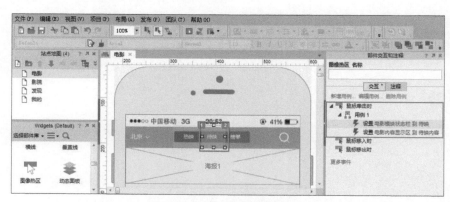

图10.30 "待映"页签交互效果

3 拖曳一个图像热区部件，放置在"榜单"页签上面，给它添加鼠标单击时触发事件，设置

"电影模块状态栏"动态面板的状态为榜单，设置"电影内容状态栏"动态面板的状态为榜单内容，实现页签和页签内容联动效果，如图10.31所示。

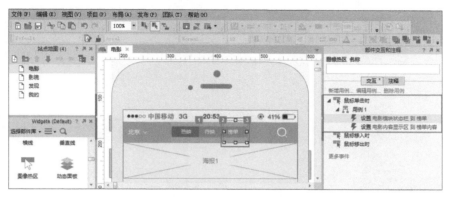

图10.31　"榜单"页签交互效果

按F5键发布原型可以看一下效果，单击页签，可以看到电影模块的状态栏和内容发生联动，通过页签切换，来显示热映、待映、榜单内容。

10.4.5　"电影"界面上下滑动效果制作

"电影"界面内容很多，在手机屏里一下无法显示所有内容，可以通过上下滑动"电影"界面，来查看完整的界面内容。下面开始制作"电影"界面内容上下滑动效果。

1 选中"电影内容显示区"动态面板，给它添加拖曳动态面板时触发事件，如图10.32所示。

微课视频

"电影"界面上下滑动效果制作详解

图10.32　添加拖曳动态面板时触发事件

注意：在电影模块里，我们先放置了一个"电影屏幕显示区"动态面板，它的作用是控制界面滑动时候的显示范围，而在"电影屏幕显示区"动态面板里又放置了一个"电影内容显示区"动态面板，它的作用就是实现上下滑动效果。

2 单击"移动"这个动作，勾选"电影内容显示区"复选框，让它沿y轴拖动，如图10.33所示。

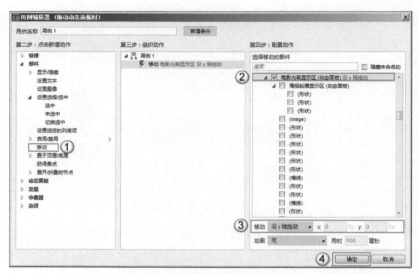

图10.33 沿y轴拖动

3 再给"电影内容显示区"动态面板添加结束拖放动态面板时触发事件。向下滑动时，如果滑动的值大于0时，就让"电影内容显示区"动态面板回到原始位置，如图10.34所示。

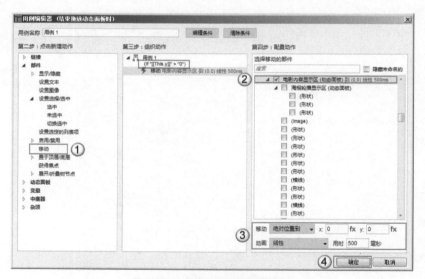

图10.34 动态面板回到初始位置

4 向上滑动时，最外层动态面板"电影屏幕显示区"的高度是531，里层动态面板"电影内容显示区"的高度是920，可以向上滑动的空间是390。当大于390的时候，同样让"电影内容显示区"动态面板回到原始位置，如图10.35所示。

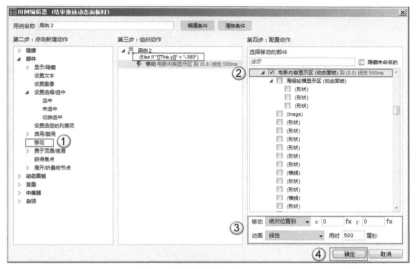

图10.35 动态面板回到初始位置

5 按F5键发布，电影模块内容界面上下拖动，可以实现上下滑动效果，如图10.36所示。

图10.36 发布原型

10.4.6 "预告片推荐"左右滑动效果制作

"待映"内容里有预告片推荐，它采用横向布局方式，因为有很多预告片推荐内容，在横向上无法将所有内容显示出来，所以需要制作左右滑动效果，才能查看所有内容。

1 选中"预告片推荐显示区"动态面板，给它添加拖动动态面板时触发事件，如图10.37所示。

微课视频

"预告片推荐"
左右滑动效果制作

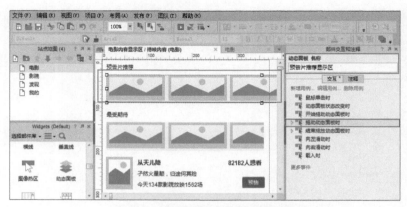

图10.37 添加拖动动态面板时触发事件

2 单击"移动",勾选"预告片推荐显示区"复选框,让它沿x轴拖动,如图10.38所示。

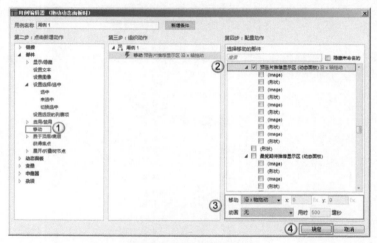

图10.38 沿x轴拖动

3 再给"预告片推荐显示区"动态面板添加结束拖放动态面板时触发事件,有左右滑动两种情况。向右滑动时,如果滑动的值大于10时,就让"预告片推荐显示区"这个动态面板回到原始位置,如图10.39、图10.40所示。

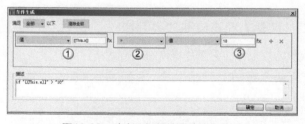

图10.39 动态面板部件滑动值大于10

图10.40　动态面板回到初始位置

4 向左滑动时，最外层动态面板"电影屏幕显示区"的宽度是373，里层动态面板"预告片推荐显示区"的高度是690，可以向左滑动的空间有320，当值大于320的时候，同样让"预告片推荐显示区"动态面板回到原始位置，如图10.41、图10.42所示。

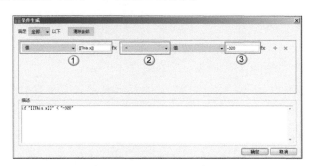

图10.41　动态面板向左滑动

图10.42　动态面板回到初始位置

5 按F5键发布看一下效果，"预告片推荐"区域左右拖动，可以实现左右滑动效果，如图10.43所示。

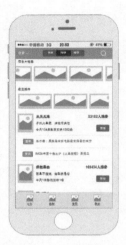

图10.43　发布原型

10.5　小结

本章通过制作猫眼电影App低保真原型，应当做到以下几点。

1 学会使用标签部件、矩形部件、文本框（单行）部件、横线部件、图片部件、动态面板部件等进行页面的布局设计。

2 学会使用Axure母版功能来设计App软件的底部标签导航；将它制作成母版，在其他页面直接使用。

3 学会制作海报轮播效果。

4 学会制作页签切换效果。

5 学会制作界面内容上下滑动效果和左右滑动效果。

练习

　　猫眼电影App通过标签导航菜单被划分为4个功能模块，按照实现"电影"模块内容的设计方式来设计"影院""发现"和"我的"3个模块内容，如图10.44所示。

　　需求描述：

　　（1）"影院"模块界面内容布局设计；

　　（2）"影院"模块海报轮播效果制作；

　　（3）"影院"模块界面内容上下滑动效果制作；

　　（4）"影院"详情页布局设计及交互设计；

　　（5）"发现"模块页面内容设计及页签切换效果制作；

　　（6）"发现"模块页面布局设计。

┌─── 拓展课程 ───┐

└─ 竞品分析与总结 ─┘

图10.44　影院、发现、我的模块内容

第11章　蜜淘全球购网站高保真原型设计

Axure原型设计工具不仅可以设计出低保真的软件原型，同时也可以设计出高保真原型。高保真原型的效果，不管在软件界面还是在软件交互上，几乎和真实软件的体验效果一样。图11.1所示为蜜淘全球购网站首页的原型设计。

图11.1　蜜淘全球购网站首页

本章通过蜜淘全球购网站的高保真原型设计案例，实践利用Axure原型设计工具绘制软件的高保真原型。

微课视频

产品介绍和分析

11.1　需求描述

利用Axure软件绘制蜜淘全球购网站的高保真原型，主要涉及以下几个方面。

1 绘制蜜淘全球购网站的登录页面并进行表单验证。

2 绘制蜜淘全球购网站的注册页面，不进行表单验证。

3 绘制蜜淘全球购网站的首页，进行页面布局设计。

4 将蜜淘全球购网站首页的顶部信息制作成母版使用。

5 将蜜淘全球购网站首页的导航菜单制作成母版使用。

6 将蜜淘全球购网站首页的版权信息制作成母版使用。

7 将蜜淘全球购网站首页的导航菜单固定到浏览器顶部，不会随着滚动条的滚动而滚动。

8 进行蜜淘全球购网站商品详情页的布局设计，并将顶部信息母版、导航菜单母版、版权信息母版引入到商品详情页进行使用。

11.2 设计思路

如何实现蜜淘全球购网站登录与注册页面、首页及商品详情页的高保真原型设计呢?

1 进行页面布局,需要用到标签、矩形、文本框(单行)、横线、图片、动态面板等部件。

2 进行登录表单的验证,需要用到动态面板和条件设置。当用户输入用户名和密码的时候,错误的提示信息放在动态面板里,根据不同的条件显示不同的提示信息。

3 将网站的顶部信息、导航菜单和版权信息制作成母版,其他页面直接使用。

4 将导航菜单固定到浏览器顶部,需要使用动态面板的固定到浏览器这个功能。

11.3 准备工作

进行高保真原型设计,需要使用大量的图片。在真实项目中,交互设计师会绘制一版低保真原型,交给视觉设计师(UI设计师或者美工)来进行界面的设计,他们会制作界面图片,并且切图。交互设计师拿到这些图片,在低保真原型里进行替换,最终才能制作出一版高保真设计原型。

1 需要准备蜜淘全球购网站登录界面和注册界面相关图片(见图11.2和图11.3)。

图11.2 蜜淘全球购网站登录界面

图11.3 蜜淘全球购网站注册界面

2 需要准备蜜淘全球购网站首页界面的图片（见图11.4和图11.5）。

图11.4　蜜淘全球购网站首页界面

图11.5　蜜淘全球购网站版权信息界面

3 需要准备蜜淘全球购网站商品详情页的图片（见图11.6）。

图11.6　蜜淘全球购商品详情页界面

11.4 设计流程

11.4.1 网站登录布局设计

1 打开Axure RP 7.0软件，将当前工程保存起来，命名为"蜜淘全球购网站高保真原型设计"，在站点地图对页面进行重新命名，分别命名为"登录""注册""首页"和"商品详情页"，如图11.7所示。

微课视频

网站登录布局
设计详解

图11.7 页面命名

2 将站点地图的4个页面"登录""注册""首页"和"商品详情页"，都设置为"居中对齐"，这样在浏览器里就会居中对齐显示，如图11.8所示。

图11.8 页面居中对齐

3 拖曳一个图片部件，用"1-蜜淘banner.png"替换图片部件，x、y坐标值设置为（70,1），再拖曳一个图片部件，用"2-登录左侧图片.png"替换图片部件，x、y坐标值设置为（150,94），如图11.9所示。

图11.9 顶部和左侧图片

[4] 拖曳两个标签部件，文本内容分别命名为"登录蜜淘""还没账号？离开免费注册"，并将"登录蜜淘"字体颜色设置为红色（D83D69），字号设置为18号字，将"还没账号？离开免费注册"字体颜色设置为红色（D83D69），如图11.10所示。

图11.10 登录标题

[5] 拖曳两个矩形部件，宽度设置为258，高度设置为30，边框宽度设置为第二个宽度，边框颜色设置为灰色（CCCCCC），位置摆放如图11.11所示。

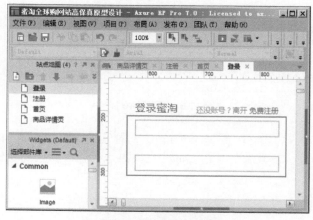

图11.11 输入框的边框

6 拖曳两个图片部件，用登录名图标和密码图标替换图片部件，再拖曳两个文本框单行部件，宽度设置为223，高度设置为25，标签分别命名为"账号""密码"，位置摆放如图11.12所示。

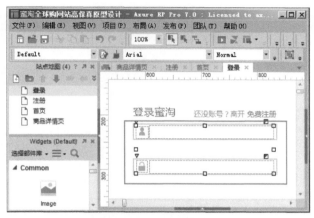

图11.12　输入框和图标

7 选中"账号"文本输入框，在部件属性和样式区域，设置提示文字为"请输入手机号或邮箱"，字体颜色为灰色（999999），边框隐藏起来；再选中"密码"文本输入框，在部件属性和样式区域，设置类型为密码，提示文字为"请输入密码"，字体颜色为灰色（999999），边框隐藏起来，如图11.13、图11.14所示。

图11.13　用户名输入框属性

图11.14　密码输入框属性

8 拖曳一个标签部件，文本内容命名为"忘记密码"，字体颜色为蓝色（3399FF）；再拖曳一个矩形部件，填充为红色（FF3674），去掉边框，文本内容为"登录"，字体颜色为白色（FFFFFF），字号为16号字，如图11.15所示。

9 拖曳一个标签部件，文本内容命名为"第三方登录"，字体颜色为灰色（999999）；再拖曳两个图片部件，用"4-qq账号登录.png""5-用微博登录.png"图片替换图片部件，如图11.16所示。

图11.15　登录按钮及忘记密码

图11.16　第三方登录

10 拖曳两个图片部件，用"3-客户端二维码.png""6-版权信息.png"图片替换图片部件，位置如图11.17所示。

图11.17　版权信息及二维码

这样就设计完了蜜淘全球购网站的登录界面，使用了标签、图片、文本框（单行）等部件。

11.4.2 网站登录表单验证

网站登录表单验证，主要是针对用户名和密码的验证。

1 拖曳一个动态面板部件并双击，名称命名为"用户名验证"，新建3种状态："请填写账号""账号太短了"和"请输入正确的账号"，如图11.18所示。

图11.18 用户名验证动态面板

2 在这3种状态里，分别添加文字内容："请填写账号""账号太短了"和"请输入正确的账号"，字体颜色设置为红色（D83D69），如图11.19所示。

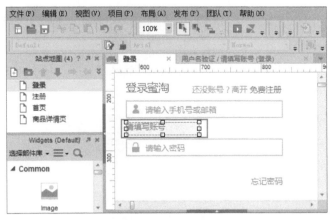

图11.19 用户名验证信息

3 拖曳一个动态面板部件并双击，名称命名为"密码验证"，新建一种状态："密码应该6-18位"，如图11.20所示。

微课视频

网站登录
表单验证详解

图11.20　密码验证动态面板

4 进入"密码应该6-18位"状态，添加文字内容："密码应该6-18位"，字体颜色设置为红色（D83D69），如图11.21所示。

图11.21　密码验证信息

5 将"用户名验证""密码验证"这两个动态面板隐藏起来，选中"账号"输入框，添加失去焦点时触发事件，当输入框什么都没有输入时，失去焦点提示"请填写账号"，如图11.22所示。

图11.22　输入框为空

6 当输入框里文字长度等于1时，失去焦点提示"账号太短了"，如图11.23所示。

图11.23 输入框长度等于1

7 当输入框里文字为110时，认为输入的账号不正确，失去焦点提示"请输入正确的账号"，如图11.24所示。

图11.24 账号输入不正确

8 如果都不满足上面3种情况，就将"用户名验证"这个动态面板隐藏起来，如图11.25所示。

图11.25 失去焦点时用例

9 选中"密码"这个文本输入框，添加失去焦点时触发事件，如果输入框里的文字长度小于6位或者大于18位，失去焦点提示"密码应该6-18位"，如图11.26所示。

图11.26　密码输入不正确

10 如果密码输入正确，就将"密码验证"这个动态面板隐藏起来，如图11.27所示。

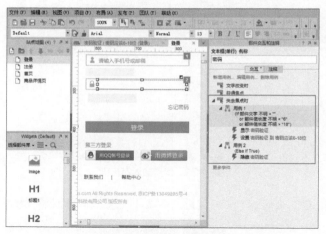

图11.27　失去焦点时用例

11 按F5键发布原型看一下效果。输入用户名和密码，当用户名和密码输入的有问题，出现相应的提示；如果密码输入正确，就将"密码验证"这个动态面板隐藏起来，如图11.28所示。

图11.28　表单验证

11.4.3　网站注册表单布局设计

蜜淘全球购网站的注册表单内容包含手机号、验证码、短信验证码、请设置密码、请确认密码这几部分，通过填写这些内容，就可以完成表单的注册。

1 进入"注册"页面，拖曳一个图片部件，用"1-蜜淘banner.png"图片替换图片部件，x、y坐标值为（70,1）；再拖曳两个标签部件，文本内容分别为"欢迎注册蜜淘""已注册？登录"，"欢迎注册蜜淘"字体颜色为红色（D83D69），18号字，"登录"也设置为红色（D83D69），如图11.29所示。

图11.29　顶部信息和标题

2 拖曳5个标签部件，文本内容分别命名为"手机号""验证码""短信校验码""请设置密码"和"请确认密码"，字体颜色设置为灰色（999999）；再拖曳5个矩形部件，边框颜色设置为灰色（CCCCCC），第二个宽度，如图11.30所示。

3 拖曳5个文本框（单行）部件，标签命名为"手机号""验证码""短信校验码""请设置密码"和"请确认密码"，将边框都隐藏起来，如图11.31所示。

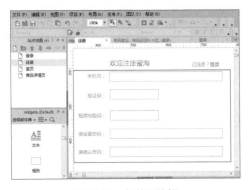

图11.30　标签和边框

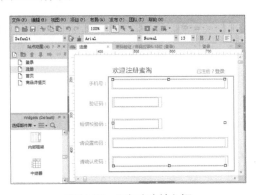

图11.31　添加文本输入框

4 拖曳一个标签部件，文本内容改为"验证码"，字体颜色设置为红色（FF1B66）；再拖曳一个图片部件，用"8-注册验证码.jpg"图片替换图片部件，如图11.32所示。

5 拖曳一个矩形部件，宽度设置为172，高度设置为30，填充为灰色（A3A3A3），文本内容为"短信验证码"，字体设置为白色（FFFFFF），如图11.33所示。

6 拖曳一复选框部件，文本内容改为"已阅读并接受《蜜淘网服务条款》"，其中"《蜜淘网服务条款》"字体颜色设置为蓝色（0000FF）；再拖曳一个矩形部件，宽度设置为322，高度设置为30，填充为红色（FF3674），文本内容为"注册"，字号为16号，白色（FFFFFF）字体，如图11.34所示。

图11.32　验证码及图片

图11.33　短信验证码

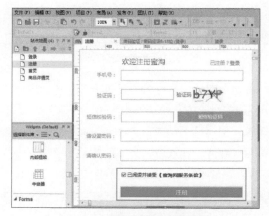

图11.34　服务条款及注册按钮

　　在这里就不再进行表单的验证了，它的验证方式和登录表单验证的方式一样，都是采用动态面板部件，根据不同的条件，显示不同的面板状态。

11.4.4　网站顶部信息母版设计

　　制作母版有两种方式，一种是在母版区域新建一个母版，另外一种是用普通的部件转换为母版。网站顶部信息母版设计采用普通的部件转换为母版的方式。

　　1 进入"首页"里，拖曳一个图片部件，用"1-顶部状态栏.png"图片替换图片部件，作为首页的状态栏；再拖曳一个图片部件，用"1-LOGO.png"图片替换图片部件，作为网站的LOGO，如图11.35所示。

微课视频

网站顶部信息
设计详解

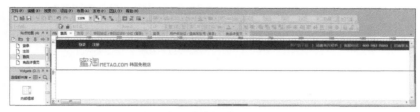

图11.35　首页状态栏和LOGO

2 拖曳一个图片部件，用"1-搜索框.jpg"图片替换图片部件，作为首页的搜索框；再拖曳一个图片部件，用"7-购物车.png"图片替换图片部件，作为网站的购物车，如图11.36所示。

图11.36　搜索框和购物车

3 同时选中顶部状态栏、LOGO、搜索框和购物车这4个图片，单击鼠标右键选择"转换为母版"，母版名称为"顶部信息"，拖曳行为选择"锁定到母版中的位置"，如图11.37所示。

这样完成了网址顶部信息母版的设计，由于拖放行为选择了锁定到母版中的位置，所以在页面中无法移动这个母版。

图11.37　顶部信息母版

11.4.5　网站导航菜单及版权信息母版设计

网站导航菜单母版和版权信息母版的设计方式是在母版区域新建母版，然后再引入到页面中使用。

1 在母版区域新建一个母版，名称为"导航菜单"，双击进入"导航菜单"母版里，拖曳9个标签部件，文本内容分别为"首页""美妆个护""服饰鞋包""食品保健""母婴童装""明星爆款""美容整形""数码百货"和"免税自营店"。"首页"的x、y坐标位置设置为（118,141），"免税自营店"的x、y坐标位置设置为（1052,141），设定好第一个和最后一个菜单位置，这时可以让它们横向均匀分布，如图11.38所示。

微课视频

网站导航菜单
母版设计详解

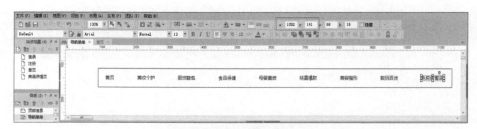

图11.38 导航菜单放置

2 对这9个菜单进行标签命名，名称分别为"首页""美妆个护""服饰鞋包""食品保健""母婴童装""明星爆款""美容整形""数码百货"和"免税自营店"；再拖曳一个横线部件，宽度设置为1198，线宽设置为第二个宽度，颜色为灰色（000000），如图11.39所示。

图11.39 导航菜单标签命名及添加间隔线

3 拖曳一个横线部件，宽度设置为90，线宽设置为第三个宽度，颜色设置为红色（E1326E）；再拖曳一个矩形部件，通过右键菜单选择形状为下三角形状，调整一下大小，颜色填充为红色（E1326E），去掉边框，同时选中这两个部件，将它们转换为动态面板，动态面板的名称为"上面滑动条"，状态为"滑动条"，如图11.40、图11.41所示。

图11.40 上面滑动条动态面板

图11.41 上面滑动条

4 拖曳一个图像热区部件，放置在"首页"菜单上面，给它添加鼠标移入时触发事件，当鼠标移入时，"首页"字体颜色会变为红色（E1326E），单击"设置文本"，勾选首页复选框，选择富文本的方式，并设置字体颜色，如图11.42所示。

图11.42 设置首页菜单文本

5 单击"编辑文字"按钮，弹出"输入文字"对话框，选中首页文字，字体颜色设置为红色（E1326E），如图11.43所示。

图11.43 设置首页字体颜色

6 字体颜色设置为红色之后，鼠标移入时，上面的滑动条也会随着移动，单击"移动"，勾选"上面滑动条"复选框，按绝对位置移动，坐标设置为（86,121），动画设置为"线性""500毫秒"，如图11.44所示。

图11.44　滑动条移动到首页上方

7 鼠标移出时，字体颜色设置为黑色（333333），恢复到默认颜色，还是通过富文本的方式设置字体颜色，这样就给"首页"上面的图像热区部件添加了鼠标移入移出时触发事件，如图11.45所示。

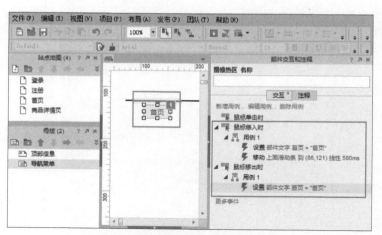

图11.45　鼠标移入移出时触发事件

8 再拖曳一个图像热区部件，放置在"美妆个护"菜单上面，给它添加鼠标移入时触发事件，当鼠标移入时，"美妆个护"字体颜色会变为红色（E1326E），单击"设置文本"，勾选"美妆个护"复选框，通过富文本的方式，设置字体颜色，如图11.46所示。

图11.46　设置美妆个护菜单文本

9 单击编辑文字按钮，弹出"输入文字"对话框，选中文字，字体颜色设置为红色（E1326E），如图11.47所示。

图11.47　设置美妆个护字体颜色

10 字体颜色设置为红色之后，鼠标移入时，上面的滑动条也会随着移动，单击"移动"，勾选"上面滑动条"复选框，按绝对位置移动，坐标设置为（191,121），动画设置为"线性""500毫秒"，如图11.48所示。

图11.48　滑动条移动到美妆个护上方

11 鼠标移出时，字体颜色设置为黑色（333333），恢复到默认颜色，还是通过富文本的方式设置字体颜色，这样就给"美妆个护"上面的图像热区部件添加完鼠标移入移出时触发事件，如图11.49所示。

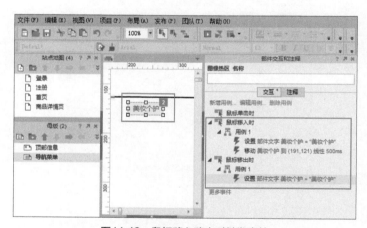

图11.49　鼠标移入移出时触发事件

12 在母版区域，选中"导航菜单"母版，单击鼠标右键，选择"新增页面"，选择"首页"，这样就将"导航菜单"母版引入到了首页里面，如图11.50所示。

13 进入"首页"里，可以看到引入的"导航菜单"。按F5键发布原型看一下效果，当鼠标移入首页菜单和美妆个护菜单的时候，字体颜色会变为红色，同时上面的滑动条也会随着一起滑动，如图11.51所示。

14 在母版区域新建一个"版权信息"母版，双击进入这个母版，拖曳一个图片部件，用"6-0-版权信息.png"图片替换图片部件，x、y坐标位置设置为（62,0），如图11.52所示。

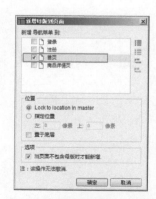

图11.50　导航菜单引入到首页

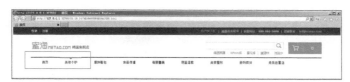

图11.51 发布原型

图11.52 版权信息母版

这样就制作完成了导航菜单母版和版权信息母版，它们都是在母版区域新建一个母版，然后在母版里面设计内容，最后引入到页面里进行使用。

11.4.6 网站首页布局设计

设计完成顶部信息母版、导航菜单母版和版权信息母版之后，就可以进行网站首页布局的设计了。

1 拖曳一个图片部件，用"2-海报2.png"图片替换图片部件，作为商品的海报图片，如图11.53所示。

微课视频

网站首页
布局设计详解

图11.53 商品海报

2 拖曳一个动态面板部件，动态面板名称为"正品采购"，新建两种状态："默认状态""悬浮状态"，x、y坐标值设置为（74,588），宽度设置为1200，高度设置为80，如图11.54所示。

3 用"3-正品采购默认.png""3-正品采购悬浮.png"两个图片分别作为"默认状态""悬浮状态"两种状态内容，如图11.55所示。

图11.54 正品采购动态面板

209

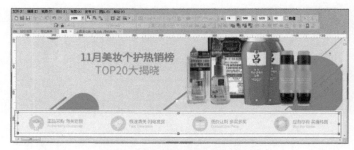

图11.55　正品采购动态面板内容

4 在"正品采购"动态面板中，添加鼠标移入时显示"悬浮状态"内容，添加鼠标移出时显示"默认状态"内容的效果，如图11.56所示。

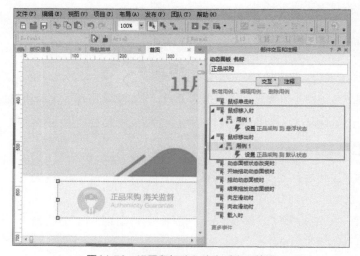

图11.56　设置鼠标移入移出时交互效果

5 拖曳5个图片部件，分别用"5-专题导航标题-0.jpg""5-专题导购-1.jpg""5-专题导购-2.jpg""5-专题导购-3.jpg""5-专题导购-4.jpg"替换图片部件，作为专题导购区域设计，如图11.57所示。

图11.57　专题导购区域

6 将"版权信息"母版引入到首页后，发现无法调整位置，右键单击取消"锁定到母版中的位置"选项，调整一下高度，放置在专题导购区域的下方，如图11.58所示。

图11.58　引入版权信息

7 按F5键发布看下效果，可以看到正品采购的鼠标移入移出的效果及首页的整体布局，如图11.59所示。

图11.59　首页完整布局

11.4.7　导航菜单固定到浏览器设计

浏览蜜淘全球购页面时发现，导航菜单固定在浏览器的上方，不随滚动条滚动而发生变化，并且可以随时单击导航菜单，每个页面都有这样的效果，所以需要将它制作成母版，效果图如图11.60所示。

图11.60　导航菜单固定到浏览器

1 进入"顶部信息"母版里，拖曳一个动态面板部件，宽度设置为1349，高度设置为60，x、y的坐标值设置为（0,0），动态面板的名称为"固定导航菜单"，状态为"菜单内容"，如图11.61所示。

图11.61　固定导航菜单动态面板

2 进入"菜单内容"状态里，拖曳一个矩形部件，宽度设置为1349，高度设置为60，x、y的坐标值设置为（0,0），边框颜色设置为灰色（CCCCCC）；进入"导航菜单"母版里，全选导航菜单内容，复制到"菜单内容"状态里，x、y坐标位置设置为（72,0），如图11.62所示。

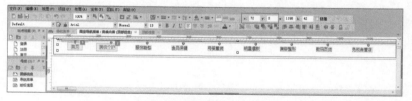

图11.62　复制导航菜单内容

③ 修改导航菜单"首页"的移入时触发事件，绝对位置移动到（86,0），修改导航菜单"美妆个护"的移入时触发事件，绝对位置移动到（191,0），如图11.63、图11.64所示。

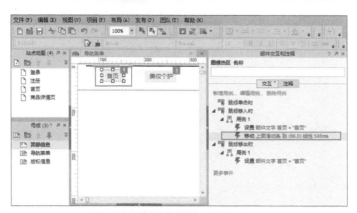

图11.63 修改导航菜单首页移动位置

图11.64 修改美妆个护移动位置

④ 回到"顶部信息"母版里，添加页面的触发事件、窗口滚动时触发事件，新增条件，通过值的方式判断浏览器窗口滚动的高度，如图11.65所示。

图11.65 新增条件

213

5 设置窗口滚动的高度大于121时的条件，如图11.66所示。

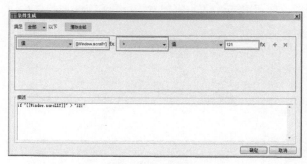

图11.66　设置条件

6 显示"固定导航菜单"动态面板，并且将这个动态面板置于顶层，如图11.67所示。

图11.67　显示固定导航菜单动态面板

7 再新增一个用例，如果窗口滚动的高度没有大于121，隐藏"固定导航菜单"动态面板，并且将这个动态面板置于底层，如图11.68所示。

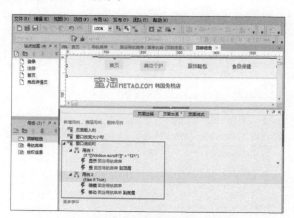

图11.68　隐藏固定导航菜单动态面板

8 隐藏"固定导航菜单"动态面板,并且将这个动态面板置于底层,在这个动态面板上右键单击,在弹出的"固定到浏览器"对话框中选择"固定到浏览器窗口",横向居中,垂直固定在顶部,如图11.69所示。

9 按F5键发布看一下效果,当浏览器窗口滚动的高度大于121时,将出现"固定导航菜单",否则将会隐藏起来,如图11.70所示。

图11.69 固定到浏览器设置

图11.70 发布原型

导航菜单固定到浏览器上,主要使用的是动态面板固定到浏览器这个功能,再判断一下浏览器滚动的高度,在合适的高度设置显示导航菜单。

11.4.8 网站商品详情页布局设计

商品详情页是用来展示某一类商品的商品列表,下面开始进行网站商品详情页的布局设计。

1 将"顶部信息"母版和"导航菜单"母版引入商品详情页,如图11.71所示。

微课视频

网站商品详情页
布局设计详解

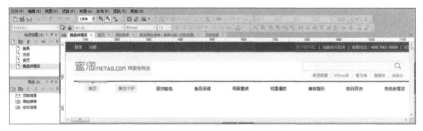

图11.71 引入"顶部信息"和"导航菜单"母版

2 拖曳一个图片部件,用"0-商品背景色.png"图片替换图片部件,x、y坐标值设置为(0,175),宽度设置为1349,高度设置为2000,作为页面的背景图,如图11.72所示。

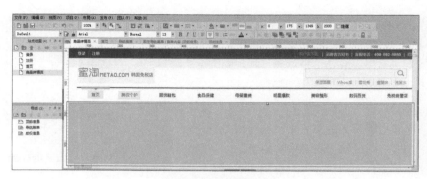

图11.72　商品背景图

3 拖曳一个图片部件，用"1-海报图片.png"图片替换图片部件，x、y坐标值设置为（176,176），宽度设置为990，高度设置为445，作为商品的海报，如图11.73所示。

图11.73　商品海报

4 拖曳一个图片部件，用"2-卖断货的畅销品.jpg"图片替换图片部件，x、y坐标值设置为（162,640），宽度设置为1000，高度设置为100，作为商品的标题，如图11.74所示。

图11.74　商品标题

5 拖曳7个图片部件，用"3-畅销品原始-3.png""3-畅销品原始-4.png""3-畅销品原始-1.png""3-畅销品原始-2.png""3-畅销品原始-5.png""3-畅销品原始-6.png""3-畅销品原始-7.png"替换图片部件，摆放位置，如图11.75所示。

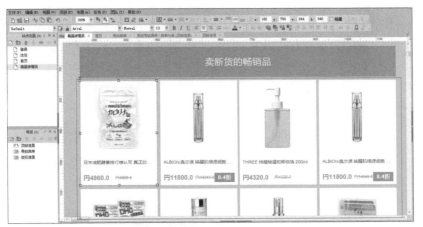

图11.75　商品列表

6 当鼠标悬浮在商品上面的时候，可以看到出现查看详情的图片，选中第一件商品，右键单击选择"转换为母版"，母版名称为"第一件商品"，两种状态为"原始状态""悬浮状态"，如图11.76所示。

7 进入悬浮状态，拖曳一个图片部件，用"3-畅销品悬浮-3.png"图片，替换图片部件，作为悬浮状态展示的内容，如图11.77所示。

图11.76　第一件商品动态面板

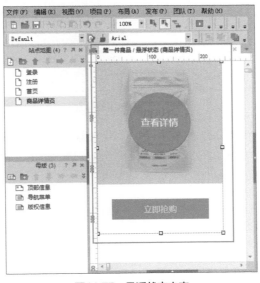

图11.77　悬浮状态内容

8 回到"商品详情页"页面，选中"第一件商品"动态面板，添加鼠标移入移出时触发事件，移入时显示悬浮状态，移出时显示原始状态，如图11.78所示。

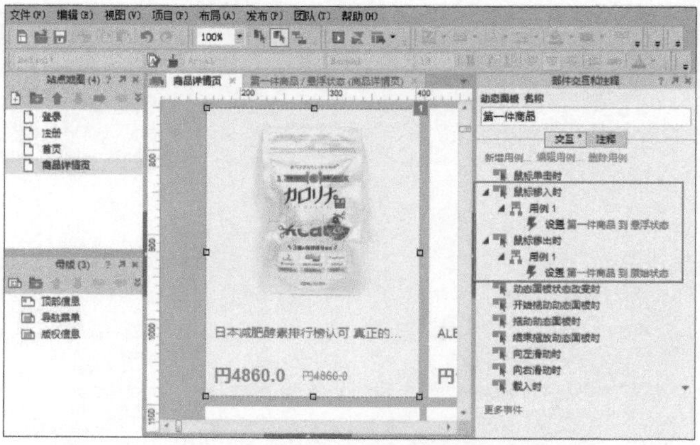

图11.78　添加移入移出交互效果

9 将"版权信息"母版引入到"商品详情页"，右键单击取消勾选"将锁定到母版中的位置"，x、y坐标值设置为（62,2160），如图11.79所示。

图11.79　引入版权信息

这样就完成了网站商品详情页的布局设计。当鼠标悬浮到第一件商品的时候，会出现查看详情的图片，离开时又恢复为商品的图片。设计商品详情页的时候，引用了3个母版到页面，大大减少了工作量。

11.5　小结

本章通过蜜淘全球购网站高保真原型设计，应当做到以下几点。

1 学会使用标签、矩形、文本框（单行）、横线、图片、动态面板等部件进行网站页面的布局设计。

2 学会使用动态面板进行登录表单的验证，当用户输入用户名和密码的时候，错误的提示信息将出现在动态面板里，根据不同的条件显示不同的提示信息。

3 学会母版制作的两种方式和3种拖放行为。将网站的顶部信息、导航菜单和版权信息制作成母版，制作其他页面直接引用。

4 学会将导航菜单固定到浏览器顶部，很多的电商网站都会使用这样的功能效果。

5 学会利用Axure软件进行网站的高保真原型设计。

练习

设计"加入购物车"页面。在"商品详情"页面，单击商品，会跳转到"加入购物车"页面。

需求描述：

（1）"加入购物车"页面的整体布局设计。

（2）鼠标悬浮在商品上面的时候，切换商品图片的显示。

（3）"商品详情"和"商品评价"页签的切换效果。

（4）将"顶部信息""导航菜单""版权信息"母版引入"购物车"页面。

设计思路：

（1）"加入购物车"页面的整体布局设计，要引入"顶部信息""导航菜单""版权信息"母版。

（2）切换商品图片的显示，要用到动态面板部件，再配合鼠标移入时触发事件，选择相应的面板状态。

（3）"商品详情"和"商品评价"页签的切换效果，同样需要使用动态面板部件，进行不同状态的切换。

附录A　移动App尺寸速查表

设备类型	设备名称	分辨率 （像素）	屏幕尺寸 （英寸）
iPhone	iPhone SE	1136×640	4
	iPhone6 plus、6s plus	1080×1920	5.5
	iPhone6、6S	750×1334	4.7
	iPhone5、5C、5S	640×1136	4
	iPhone4、4S	640×960	3.5
	iPhone & iPod Touch第一代、第二代、第三代	320×480	3.5
iPad系列	iPad pro 2	2732×2048	12.9
	iPad 3、4、5、6、Air、Air2、pro	2048×1536	9.7
	iPad 1、2	1024×768	9.7
	iPad Mini2、Mini3、Mini4	2048×1536	7.9
	iPad Mini	1024×768	7.9
魅族系列	魅族MX1	960×640	4
	魅族MX2	800×1280	4.4
	魅族MX3	1800×1080	5.1
	魅族MX4	1152×1920	5.36
	魅族MX4 Pro	1536×2560	5.5
	魅族MX5	1920×1080	5.5
	魅族MX5Pro	1920×1080	5.7
	魅族MX6-6Pro	1920×1080	5.2
三星系列	三星GALAXY Note 5	2560×1440	5.7
	三星GALAXY Note 4	1440×2560	5.7
	三星GALAXY Note 3	1080×1920	5.7
	三星GALAXY Note II	720×1280	5.5
	三星GALAXY Note 1	1280×800	5.3
	三星Galaxy C5	1920×1080	5.2
	三星Galaxy A9	1920×1080	6
	三星Galaxy A8	1920×1080	5.7
	三星Galaxy A7	1920×1080	5.5
	三星Galaxy A5	1920×1080	5.2
	三星Galaxy S7 edge	2560×1440	5.5
	三星GALAXY S6、S7	2560×1440	5.1
	三星GALAXY S5	1080×1920	5.1
	三星GALAXY S4	1080×1920	5

设备类型	设备名称	分辨率 （像素）	屏幕尺寸 （英寸）
索尼系列	索尼XperiaZ3、XperiaZ3+ Dual(Z4)、XperiaZ5	1080×1920	5.2
	索尼Xperia X、XperiaC6	1080×1920	5.0
	索尼T3	1280×720	5.3
	索尼Xperia Z1 Mini	1280×720	4.3
	索尼XL39h	1080×1920	6.44
HTC系列	HTC Desire 820	720×1280	5.5
	HTC One M9+、M10	2560×1440	5.2
	HTC Desire 830	1080×1920	5.5
	HTC One M8、One E8	1080×1920	5.0
OPPO系列	OPPO Find 7	1440×2560	5.5
	OPPO R9 plus、R7plus	1080×1920	6.0
	OPPO R9、R7S、N3	1080×1920	5.5
	OPPO A53	720×1280	5.5
	OPPO N1 Mini	720×1280	5.0
小米系列	小米M5	1920×1080	5.15
	小米M4、4C、4S	1080×1920	5.0
	小米Note	1920×1080	5.7
	红米Note2、Note3	1920×1080	5.5
	小米M3	1080×1920	5.0
	小米红米1S	720×1280	4.7
	小米M2S	720×1280	4.3
	小米MAX	1920×1080	6.44
华为系列	华为 MATE7、MATE8	1080×1920	6.0
	华为 MATES、P9Plus、Honor6 Plus	1080×1920	5.5
	华为 Ascend P7	1080×1920	5.0
	华为 Ascend P8、P9、Honor7、Honor7i	1080×1920	5.2
锤子系列	锤子坚果U1	1080×1920	5.5
	锤子T1、T2	1080×1920	4.95
LG系列	LG G3、G4	2560×1440	5.5
	LG V10	2560×1440	5.7
	LG NEXUS5X	1920×1080	5.2
	LG G5	2560×1440	5.3

注：1英寸=0.762寸

附录B　Axure快捷键速查表

快捷键类型	操作名称	快捷键
基本快捷键	打开	Ctrl + O
	新建	Ctrl + N
	保存	Ctrl + S
	退出	Alt + F4
	打印	Ctrl + P
	查找	Ctrl + F
	替换	Ctrl + H
	复制	Ctrl + C
	剪切	Ctrl + X
	粘贴	Ctrl + V
	快速复制	Ctrl+D&单击拖曳＋Ctrl
	撤消	Ctrl + Z
	重做	Ctrl + Y
	全选	Ctrl + A
	帮助说明	F1
输出快捷键	生成原型预览	F5
	生成规格说明	F6
	更多的生成器和配置选项	F8
	在原型中重新生成当前页面	Ctrl + F5
工作区域快捷键	下页	Ctrl + Tab
	上页	Ctrl + Shift + Tab
	关闭当前页	Ctrl + W
	垂直滚动	鼠标滚轮
	横向滚动	Shift + 鼠标滚轮
	放大缩小	Ctrl + 鼠标滚轮
	页面移动	Space + 鼠标右键
	隐藏网格	Ctrl + '
	对齐网格	Ctrl + Shift + '
	隐藏全局辅助线	Ctrl + .
	隐藏页面辅助线	Ctrl + ,
	对齐辅助线	Ctrl + Shift + ,
	锁定辅助线	Ctrl + Alt + ,

续表

快捷键类型	操作名称	快捷键
元件编辑快捷键	群组	Ctrl + G
	取消群组	Ctrl + Shift + G
	上移一层	Ctrl +]
	置于顶层	Ctrl+Shift +]
	下移一层	Ctrl + [
	置于底层	Ctrl + Shift + [
	左对齐	Ctrl + Alt + L
	居中对齐	Ctrl + Alt + C
	右对齐	Ctrl + Alt + R
	顶端对齐	Ctrl + Alt + T
	垂直居中对齐	Ctrl + Alt + M
	底端对齐	Ctrl + Alt + B
	水平分布	Ctrl + Shift + H
	垂直分布	Ctrl + Shift + U
	减少脚注编号	Ctrl + J
	增加脚注编号	Ctal + Shift + J
	锁定位置和尺寸	Ctrl + K
	解锁位置和尺寸	Ctrl + Shift + K

本书除基础内容外，还提供 27 节拓展课程，涉及 Axure 高级使用技巧，学完本书后可扫如下二维码观看。

拓展课程 1——表单设计与制作

拓展课程
表单设计的影响
与原则

拓展课程
表单内容的设计
与组织

拓展课程
表单的标签和
输入框

拓展课程
"京东商城"注册
表单设计案例

拓展课程
表单的输入

拓展课程
表单的即时校验
与帮助

拓展课程
表单动作
的设计

拓展课程
"京东商城"注册
表单交互案例

拓展课程 2——幻灯片轮播效果制作

拓展课程
幻灯片轮播介绍

拓展课程
幻灯片轮播设计

拓展课程
制作幻灯片轮播
及交互效果

拓展课程 3——统计图表设计与制作

拓展课程
统计图表应用
场合介绍

拓展课程
Excel 设计统计
图表

拓展课程
HighChart 设计
统计图表

拓展课程
实战：90 后饭碗
统计报告设计

拓展课程 4——团队项目协作和 Axure 使用技巧

拓展课程
搭建 Axure 团队
项目

拓展课程
获取、编辑、提交
团队项目

拓展课程
Axure 使用技巧

拓展课程 5——绘制专业的产品原型

拓展课程
修改日志、版本
说明

拓展课程
利用 MindManager
绘制产品结构图

拓展课程
绘制产品
流程图

拓展课程
产品原型的
交互说明

拓展课程 6——绘制专业的产品原型应用实战：猿题库 App 产品原型设计

拓展课程
绘制原型的
注意事项

拓展课程
书写猿题库 App 修
改日志、版本说明

拓展课程
绘制猿题库
App 产品结构图、
产品流程图

拓展课程
猿题库
App 产品原型设计

拓展课程
书写猿题库 App
交互说明